Thomas Westermann

Mathematische Probleme lösen mit Maple

Ein Kurzeinstieg

5., aktualisierte Auflage

Mit CD-ROM

Professor Dr. Thomas Westermann
Hochschule Karlsruhe
– Hochschule für Technik Karlsruhe
Deutschland

Homepage zum Buch http://www.home.hs-karlsruhe.de/~weth0002/buecher/mpgmm/start.htm

ISBN 978-3-642-41351-3   ISBN 978-3-642-41352-0 (eBook)
DOI 10.1007/978-3-642-41352-0

Die Deutsche Nationalbibliothek verzeichnet diese Publikation in der Deutschen Nationalbibliografie; detaillierte bibliografische Daten sind im Internet über http://dnb.d-nb.de abrufbar.

Springer Vieweg
© Springer-Verlag Berlin Heidelberg 2003, 2006, 2008, 2011, 2014
Das Werk einschließlich aller seiner Teile ist urheberrechtlich geschützt. Jede Verwertung, die nicht ausdrücklich vom Urheberrechtsgesetz zugelassen ist, bedarf der vorherigen Zustimmung des Verlags. Das gilt insbesondere für Vervielfältigungen, Bearbeitungen, Übersetzungen, Mikroverfilmungen und die Einspeicherung und Verarbeitung in elektronischen Systemen.

Die Wiedergabe von Gebrauchsnamen, Handelsnamen, Warenbezeichnungen usw. in diesem Werk berechtigt auch ohne besondere Kennzeichnung nicht zu der Annahme, dass solche Namen im Sinne der Warenzeichen- und Markenschutz-Gesetzgebung als frei zu betrachten wären und daher von jedermann benutzt werden dürften.

Gedruckt auf säurefreiem und chlorfrei gebleichtem Papier

Springer Vieweg ist eine Marke von Springer DE. Springer DE ist Teil der Fachverlagsgruppe Springer Science+Business Media.
www.springer-vieweg.de

Mathematische Probleme lösen mit Maple

Vorwort zur 5. Auflage

Die weiterhin erfolgreiche Aufnahme des Buchs und die positive Resonanz haben uns bewogen, die Art der Darstellung sowie das interaktive Konzept in Form einer verlinkten pdf-Version auf der CD-Rom unverändert zu belassen:

Die CD-Rom enthält eine erweiterte pdf-Version des gedruckten Buches, bei dem jeder Befehl einen Link auf das entsprechende elektronische Arbeitsblatt von Maple (Worksheet) enthält. Man kann dadurch die Worksheets direkt aus der pdf-Version starten. Somit wird ein schneller, übersichtlicher Zugriff auf die entsprechenden Themen ermöglicht. Alle Probleme werden an jeweils einem Beispiel exemplarisch vorgeführt. Die elektronischen Arbeitsblätter sind so flexibel gestaltet, dass sie an die eigenen Problemstellungen einfach angepasst werden können.

Für diese fünfte Auflage wurde das Buch um die Kapitel „Iterative Verfahren zum Lösen von Gleichungen" und „Lösen von großen linearen Gleichungssystemen" erweitert. Dieses Kapitel enthält in der Buchversion die Beschreibung der Maple-Prozeduren für den Thomas-Algorithmus, die Cholesky-Zerlegung, das Cholesky-Verfahren und für die Methode der konjugierten Gradienten. Auf der CD-Rom befinden sich zusätzlich Prozeduren für das iterative Lösen von großen linearen Gleichungssystemen wie das Jacobi-, das Gauß-Seidel- und das SOR-Verfahren.

Alle Maple-Beschreibungen, alle elektronischen Arbeitsblätter sowie die Einführung in die Maple-Benutzeroberflächen (Anhang A) wurden an Maple 17 angepasst. Maple 17 wird daher als Version empfohlen, aber nahezu alle Arbeitsblätter auf der CD-Rom sind ab Maple 12 lauffähig. Um den Einstieg in Maple zu erleichtern sind neu auf der CD-Rom

- eine Einführung in Maple,
- Aufgaben zur Einführung im Maple einschließlich der Lösungen
- sowie Anwendungsaufgaben mit Lösungen.

Für Maple 17 existieren wie bereits für viele Vorgängerversionen zwei unterschiedliche Benutzeroberflächen: Zum Einen das klassische Layout „classic worksheet" *(\maple\bin.win\cwmaple.exe)* und zum Anderen das standardmäßig geöffnete, auf Java basierende Layout „standard worksheet" *(\maple\bin.win\maplew.exe)*. Die Worksheets sind unter beiden Oberflächen uneingeschränkt lauffähig. Alleine die auf dem lokalen Rechner gesetzte Verknüpfung entscheidet, welche Maple-Variante gestartet wird. Im Anhang A wird auf die Benutzeroberfläche von Maple 17 eingegangen und die Möglichkeiten aufgezeigt, wie man mit der symbolorientierten Oberfläche arbeitet.

Obwohl die interaktive pdf-Version auf der CD-Rom, die zahlreichen Links und vielen Verknüpfungen sowie die 145 elektronischen Arbeitsblätter mehrfach getestet und erprobt wurden, lassen sich kleinere Fehler nicht vermeiden. Über Hinweise auf noch vorhandene Fehler ist der Autor dankbar. Aber auch Verbesserungsvorschläge, nützliche Hinweise und Anregungen sind sehr erwünscht und können mir über
thomas.westermann@hs-karlsruhe.de
zugesendet werden.

Um zukünftig mit neuen Maple-Versionen Schritt halten zu können, werden Updates der Worksheets unter der Homepage zum Buch
http://www.home.hs-karlsruhe.de/~weth0002/buecher/mpgmm/start.htm
zur Verfügung gestellt.

Ich möchte mich an dieser Stelle für die Unterstützung von Maplesoft Europa vor allem bei Frau Bormann und Herrn Richard recht herzlich bedanken. Mein Dank gilt besonders Frau Hestermann-Beyerle und Frau Kollmar-Thoni vom Springer-Verlag für die gute Zusammenarbeit.

Karlsruhe, im Januar 2014 *Thomas Westermann*

Vorwort zur 1. Auflage

Das vorliegende Werk richtet sich sowohl an Studenten von technischen Hochschulen und Fachhochschulen als Begleitung und Ergänzung zu den Mathematikvorlesungen als auch an Praktiker, die ihre konkreten mathematischen Probleme direkt am Computer lösen möchten. Gleichzeitig ist das Buch eine themengebundene Einführung in die Nutzung des Computeralgebrasystems Maple, welche sich an konkreten Problemstellungen orientiert.

Grundlegende mathematische Probleme wie z.B. das Lösen von Gleichungen und Ungleichungen, dreidimensionale graphische Darstellungen von Funktionen, Nullstellenbestimmungen, Ableitungen von Funktionen, Finden von Stammfunktionen, Rechnen mit komplexen Zahlen, Integraltransformationen, Lösen von Differentialgleichungen, Vektorrechnung usw. kommen in den Anwendungen immer wieder vor, sind aber teilweise sehr aufwendig und zu umfangreich, um sie per Hand zu lösen. „Mathematische Probleme lösen mit Maple" ist als Handbuch gedacht, diese elementaren Probleme analytisch und numerisch zu behandeln.

Das Buch ist so konzipiert, dass diese mathematischen Probleme direkt am Computer ohne große Vorkenntnisse mit Maple gelöst werden können. Dabei werden nur grundlegende Erfahrungen im Umgang mit Windowsprogrammen vorausgesetzt.

Die beiliegende CD-ROM soll einen schnellen Zugriff auf die entsprechenden Maple-Befehle liefern. Alle Probleme werden an jeweils einem Beispiel exemplarisch vorgeführt. Die elektronischen Arbeitsblätter sind so flexibel gestaltet, dass sie an die eigenen Problemstellungen einfach angepasst werden können.

Das Buch ist sowohl als Nachschlagewerk bzw. die CD-ROM zur Überprüfung von Übungsaufgaben geeignet als auch eine sehr kompakte problemorientierte Darstellung der Lösungen mit Maple. Daher ergibt sich die übersichtliche Struktur der einzelnen Abschnitte:
- Jedes Thema wird mathematisch beschrieben.
- Das Problem wird mit Maple gelöst.
- Die Syntax des Maple-Befehls wird erläutert.
- Ein Beispielaufruf wird angegeben.
- Hinweise behandeln Besonderheiten des Befehls oder der Ausgabe.

Mein Dank gilt dem Springer-Verlag für die sehr angenehme und reibungslose Zusammenarbeit, besonders Frau Hestermann-Beyerle und Frau Lempe. Ganz besonders bedanken möchte ich mich bei meinen Töchtern Veronika und Juliane, die mich tatkräftig und zeitintensiv bei diesem neuerlichen Projekt unterstützt haben.

Karlsruhe, im Oktober 2002 *Thomas Westermann*

Inhaltsverzeichnis

Kapitel 1: Rechnen mit Zahlen 1
    1.1 Rechnen mit reellen Zahlen 2
    1.2 Berechnen von Summen und Produkten 3
    1.3 Primfaktorzerlegung 4
    1.4 Größter gemeinsamer Teiler 4
    1.5 Kleinstes gemeinsames Vielfaches 5
    1.6 n-te Wurzel einer reellen Zahl 5
    1.7 Logarithmus 6
    1.8 Darstellung komplexer Zahlen 7
    1.9 Rechnen mit komplexen Zahlen 8
    1.10 Berechnen von komplexen Wurzeln 9

Kapitel 2: Umformen von Ausdrücken 10
    2.1 Auswerten von Ausdrücken 10
    2.2 Vereinfachen von Ausdrücken 11
    2.3 Expandieren von Ausdrücken 12
    2.4 Konvertieren eines Ausdrucks 12
    2.5 Kombinieren von Ausdrücken 13

Kapitel 3: Gleichungen, Ungleichungen, Gleichungssysteme 14
    3.1 Lösen einer Gleichung 15
    3.2 Näherungsweises Lösen einer Gleichung 16
    3.3 Lösen einer Ungleichung 17
    3.4 Lösen von linearen Gleichungssystemen 18

Kapitel 4: Vektoren, Matrizen und Eigenwerte 19
    4.1 Vektoren 20
    4.2 Vektorrechnung 21
    4.3 Winkel zwischen zwei Vektoren 22
    4.4 Matrizen 23
    4.5 Matrizenrechnung 24
    4.6 Determinante 25
    4.7 Wronski-Determinante 26
    4.8 Rang einer (mxn)-Matrix 27
    4.9 Eigenwerte und Eigenvektoren 28
    4.10 Charakteristisches Polynom 29

Kapitel 5: Vektoren im $\mathbb{IR}^n$ 30
    5.1 Lineare Unabhängigkeit von Vektoren (LGS) 30
    5.2 Lineare Unabhängigkeit von Vektoren (Rang) 31
    5.3 Basis des $\mathbb{IR}^n$ 32
    5.4 Dimension eines Unterraums 33

Kapitel 6: Affine Geometrie 34
   6.1 Definition von Punkt, Gerade und Ebene 34
   6.2 Schnitte von Geraden und Ebenen 36
   6.3 Abstände von Punkten, Geraden und Ebenen 37
   6.4 Definition und Darstellung von Kugeln (Sphären) 38
   6.5 Schnittpunkte einer Sphäre mit einer Geraden 40
   6.6 Tangentialebene an Sphäre durch eine Gerade 41

Kapitel 7: Definition von Funktionen 43
   7.1 Elementare Funktionen 43
   7.2 Auswerten elementarer Funktionen 44
   7.3 Definition von Funktionen 45
   7.4 Definition zusammengesetzter Funktionen 46

Kapitel 8: Graphische Darstellung von Funktionen in einer Variablen 47
   8.1 Darstellung von Funktionen in einer Variablen 48
   8.2 Mehrere Schaubilder 50
   8.3 Darstellen von Kurven mit Parametern 51
   8.4 Ortskurven 52
   8.5 Bode-Diagramm 53
   8.6 Logarithmische Darstellung von Funktionen 54

Kapitel 9: Graphische Darstellung von Funktionen in mehreren Variablen 55
   9.1 Darstellung einer Funktion f(x,y) in zwei Variablen 56
   9.2 Animation einer Funktion f(x,t) 58
   9.3 Animation einer Funktion f(x,y,t) 59
   9.4 Der neue animate-Befehl 60
   9.5 Darstellung von Rotationskörpern bei Rotation um die *x*-Achse 62

Kapitel 10: Einlesen, Darstellen und Analysieren von Messdaten 64
   10.1 Einlesen und Darstellen von Messdaten 65
   10.2 Logarithmische Darstellung von Wertepaaren 66
   10.3 Berechnung des arithmetischen Mittelwertes 67
   10.4 Berechnung der Varianz 67
   10.5 Interpolationspolynom 68
   10.6 Kubische Spline-Interpolation 69
   10.7 Korrelationskoeffizient 70
   10.8 Ausgleichsfunktion 71

Kapitel 11: Funktionen in einer Variablen 73
   11.1 Bestimmung von Nullstellen 73
   11.2 Linearfaktorzerlegung von Polynomen 74
   11.3 Partialbruchzerlegung gebrochenrationaler Funktionen 75
   11.4 Asymptotisches Verhalten 76
   11.5 Kurvendiskussion 77
   11.6 Taylor-Polynom einer Funktion 80

Kapitel 12: Funktionen in mehreren Variablen 81
   12.1 Totales Differential 81
   12.2 Tangentialebene 82
   12.3 Fehlerrechnung 83
   12.4 Taylor-Entwicklung einer Funktion mit mehreren Variablen 84

Kapitel 13: Grenzwerte und Reihen 85
   13.1 Bestimmung von Folgengrenzwerten 85
   13.2 Bestimmung von Grenzwerten rekursiver Folgen 86
   13.3 Bestimmung von Funktionsgrenzwerten 87
   13.4 Konvergenz von Zahlenreihen: Quotientenkriterium 88
   13.5 Konvergenz von Potenzreihen: Konvergenzradius 89

Kapitel 14: Differentiation 90
   14.1 Ableitung eines Ausdrucks in einer Variablen 90
   14.2 Ableitung einer Funktion in einer Variablen 91
   14.3 Numerische Differentiation 92
   14.4 Partielle Ableitungen eines Ausdrucks in mehreren Variablen 93
   14.5 Partielle Ableitungen einer Funktion in mehreren Variablen 94

Kapitel 15: Integration 95
   15.1 Integration einer Funktion in einer Variablen 95
   15.2 Numerische Integration einer Funktion in einer Variablen 96
   15.3 Mantelfläche und Volumen von Rotationskörper bei x-Achsenrotation .. 97
   15.4 Mantelfläche und Volumen von Rotationskörper bei y-Achsenrotation .. 98
   15.5 Mehrfachintegrale einer Funktion in mehreren Variablen 99
   15.6 Linienintegrale 100

Kapitel 16: Fourier-Reihen und FFT 102
   16.1 Fourier-Reihen (analytisch) 103
   16.2 Fourier-Reihen (numerisch) 105
   16.3 Komplexe Fourier-Reihe und Amplitudenspektrum 107
   16.4 FFT 109

Kapitel 17: Integraltransformationen 111
   17.1 Laplace-Transformation 111
   17.2 Inverse Laplace-Transformation 112
   17.3 Lösen von DG mit der Laplace-Transformation 113
   17.4 Fourier-Transformation 114
   17.5 Inverse Fourier-Transformation 115
   17.6 Lösen von DG mit der Fourier-Transformation 116

Kapitel 18: Gewöhnliche Differentialgleichungen 1. Ordnung 117
   18.1 Richtungsfelder 118
   18.2 Analytisches Lösen 119
   18.3 Numerisches Lösen 120

18.4 Numerisches Lösen mit dem Euler-Verfahren.................................... 121
18.5 Numerisches Lösen mit dem Prädiktor-Korrektor-Verfahren 122
18.6 Numerisches Lösen mit dem Runge-Kutta-Verfahren.......................... 123

Kapitel 19: Gewöhnliche Differentialgleichungs-Systeme 124
19.1 Analytisches Lösen von DGS 1. Ordnung.. 124
19.2 Numerisches Lösen von DGS 1. Ordnung.. 126
19.3 Numerisches Lösen von DGS 1. Ordnung mit dem Euler-Verfahren.... 128

Kapitel 20: Gewöhnliche Differentialgleichungen n-ter Ordnung............... 130
20.1 Analytisches Lösen... 130
20.2 Numerisches Lösen... 132

Kapitel 21: Extremwerte und Optimierung... 134
21.1 Lösen von überbestimmten linearen Gleichungssystemen 134
21.2 Lineare Optimierung... 136
21.3 Extremwerte nichtlinearer Funktionen 137

Kapitel 22: Vektoranalysis 138
22.1 Gradient.. 138
22.2 Rotation 139
22.3 Divergenz.. 140
22.4 Potentialfeld zu gegebenem Vektorfeld, Wirbelfreiheit 141
22.5 Vektorpotential zu gegebenem Vektorfeld, Quellenfreiheit................. 142

Kapitel 23: Partielle Differentialgleichungen.. 143
23.1 Analytisches Lösen pDG erster Ordnung 143
23.2 Numerisches Lösen zeitbasierter pDG 1. Ordnung............................... 145
23.3 Analytisches Lösen pDG n-ter Ordnung... 147
23.4 Numerisches Lösen zeitbasierter pDG n-ter Ordnung........................ 149

Kapitel 24: Programmstrukturen... 151
24.1 for-Schleife... 151
24.2 while-Schleife... 152
24.3 if-Bedingungen... 153
24.4 proc-Konstruktion... 154

Kapitel 25: Programmieren mit Maple 156
25.1 Newton-Verfahren: for-Konstruktion 157
25.2 Newton-Verfahren: while-Konstruktion 158
25.3 Newton-Verfahren: proc-Konstruktion 1 159
25.4 Newton-Verfahren: proc-Konstruktion 2 160
25.5 Newton-Verfahren: Mit Animation 161

Kapitel 26: Iterative Verfahren zum Lösen von Gleichungen 163
    26.1 Allgemeines Iterationsverfahren 164
    26.2 Sekantenverfahren 165
    26.3 Newton-Verfahren 166

Kapitel 27: Lösen von großen linearen Gleichungssystemen 167
    27.1 Thomas-Algorithmus 169
    27.2 Cholesky-Zerlegung 171
    27.3 Cholesky-Algorithmus 173
    27.4 Konjugiertes Gradientenverfahren (CG-Verfahren) 175

Anhang A: Benutzeroberflächen von Maple 177

Anhang B: Die CD-Rom 189

Literaturverzeichnis 191

Index 192

Maple-Befehle 195

Kapitel 1: Rechnen mit Zahlen

In Kapitel 1 behandeln wir das Rechnen mit reellen und komplexen Zahlen. Die Grundrechenoperationen werden mit +, -, *, /, das Potenzieren mit ^ gebildet. Jedoch anders als bei einem Taschenrechner gewohnt, unterscheidet Maple zwischen gebrochenrationalen Zahlen und Dezimalzahlen. Mit 2 bzw. 2/3 werden gebrochenrationale Zahlen definiert, während 2. und 2./3 Dezimalzahlen spezifizieren. Innerhalb der gebrochenrationalen Zahlen werden die Rechenoperationen exakt ausgeführt und das Ergebnis wieder als gebrochenrationale Zahl dargestellt. Dezimalzahlen sind in Maple standardmäßig mit 10 Dezimalstellen angegeben; die Genauigkeit der Rechenoperationen erfolgt innerhalb dieses Bereichs. Diese Zahlen werden im Folgenden *float*-Zahlen genannt. Durch den Befehl **Digits:=n** werden sowohl die Darstellung der Zahlen als auch die Genauigkeit der Rechnung innerhalb der float-Zahlen auf den Wert *n* gesetzt.

Leerzeichen werden von Maple ignoriert; man kann sie daher zur besseren Lesbarkeit der Befehle einsetzen. Einzige Ausnahme ist die Definition von float-Zahlen:

$$2.3 \qquad 2\_.\_3 \qquad 2.\_3$$

bedeuten unterschiedliche Dinge, wenn „_" für ein Leerzeichen steht. „2.3" ist die float-Zahl. „2_._3" ergibt 6, da die integer-Zahl 2 mit der integer-Zahl 3 multipliziert die integer-Zahl 6 ergibt. Dabei ist zu beachten, dass . der Operator für nichtkommutative Multiplikationen wie z.B. die Matrizenmultiplikation darstellt. „2._3" liefert die Fehlermeldung „Error, unexpected number".

Mit **log[b](c)** wird der Logarithmus einer positiven Zahl c zur Basis b berechnet und **sqrt(c)** bestimmt die Quadratwurzel einer nichtnegativen Zahl c. Ist c eine gebrochenrationale Zahl, kann in der Regel weder der Logarithmus noch die Quadratwurzel exakt berechnet werden, denn z.B. $\sqrt{2}$ hat ja unendlich viele Nachkommastellen. Maple gibt dann die Eingabe als Ausgabezeile wieder. **evalf** erzwingt die Umwandlung des Ergebnisses in die float-Zahl 1.414213562 bei einer Genauigkeit von 10 Dezimalstellen. Die *n*-te Wurzel einer reellen Zahl $\sqrt[n]{x}$ wird mit **surd** gebildet. Mit **root** werden Wurzeln auch von negativen float-Zahlen im Komplexen bestimmt.

igcd bestimmt den größten gemeinsamen Teiler (**g**reatest **c**ommon **d**ivisor) ganzer Zahlen und **ilcm** das kleinste gemeinsame Vielfache (**l**east **c**ommon **m**ultiple). **ifactor** zerlegt eine natürliche oder gebrochenrationale Zahl in ihre Primfaktoren.

Die imaginäre Einheit wird in Maple mit *I* bezeichnet. **evalc** führt die komplexen Rechenergebnisse in die algebraische Normalform über. Gegebenenfalls muss das Ergebnis mit **evalf** zu einer komplexen float-Zahl konvertiert werden.

1.1 Rechnen mit reellen Zahlen

evalf	
Problem	Gesucht sind die Ergebnisse elementarer Rechenoperationen c_1 <+, -, *, /, ^> c_2
Befehl	c_1 <+, -, *, /, ^> c_2 ;
Parameter	c_1, c_2 : Ganze, gebrochenrationale oder reelle Zahlen

Beispiele	$$2\left(\frac{3}{4}-\frac{5}{7}\right) / \frac{3}{5}$$
	`> 2*(3/4-5/7)/(3/5);`
	$$\frac{5}{42}$$
	`> evalf(%);`
	$$.1190476190$$
	$$3^{\frac{1}{4}}:$$
	`> 3^(1/4);`
	$$3^{1/4}$$
	`> 3.^(1/4);`
	$$1.316074013$$

Hinweise	Die Klammernschreibweise <+, -, ...> bedeutet, dass man einen der Verknüpfungen auswählen kann. Man beachte, dass die Grundrechenoperationen innerhalb der gebrochenrationalen Zahlen exakt ausgeführt werden. Die Konvertierung in eine float-Zahl erfolgt durch **evalf**. % steht für das zuletzt berechnete Ergebnis. Statt der Konvertierung mit **evalf** genügt es, eine der Zahlen in der .-Darstellung anzugeben. Dann werden alle Ergebnisse in der float-Näherung bis auf 10 Stellen genau berechnet. Mit **Digits:=n** wird sowohl die Darstellung als auch die Genauigkeit der Rechnung innerhalb der float-Zahlen auf den Wert n gesetzt.
Siehe auch	**evalf**, **Digits**; → Rechnen mit komplexen Zahlen.

1.2 Berechnen von Summen und Produkten

sum **product**	
Problem	Gesucht sind Ergebnisse von Summen und Produkten bzw. Formeln für Summen und Produkte der Form $$\sum_{k=1}^{n} a_k \quad \text{bzw.} \quad \prod_{k=1}^{n} a_k$$
Befehle	**sum**(a(k), k=1..n); **product**(a(k), k=1..n);
Parameter	*a(k):* Zahlenfolge
Beispiele	$$\sum_{k=1}^{n} k^2$$ `> sum(k^2, k=1..n);` $$\frac{1}{3}(n+1)^3 - \frac{1}{2}(n+1)^2 + \frac{1}{6}n + \frac{1}{6}$$ `> product(1/k, k=1..5);` $$\frac{1}{120}$$ `> Sum(1/(k*(k+1)), k=1..infinity)` `   =sum(1/(k*(k+1)), k=1..infinity);` $$\sum_{k=1}^{\infty} \frac{1}{k(k+1)} = 1$$
Hinweise	Sind untere und obere Summen- bzw. Produktgrenzen gegebene natürliche Zahlen, so wird das Ergebnis zahlenmäßig berechnet. Ist die obere Grenze *n* eine Variable, so bestimmt Maple falls möglich eine Ergebnisformel in Abhängigkeit von *n*. Als Obergrenze ist auch *infinity* erlaubt. Bei Großschreibung des Befehls **Sum** (inerte Form) wird die Summe nur symbolisch dargestellt und nicht ausgewertet. Gleiches gilt für den **product**-Befehl zur Bestimmung von Produkten.
Siehe auch	`add`, `mul`.

1.3 Primfaktorzerlegung

ifactor	
Problem	Gesucht ist die Zerlegung einer Zahl *n* in Primfaktoren.
Befehl	`ifactor(n);`
Parameter	*n*: ganze oder gebrochenrationale Zahl

Beispiele	Primzahlenzerlegung von 120 und $-\frac{125}{1764}$:
	 `> ifactor( 120 );`
	 $(2)^3 \ (3) \ (5)$
	 `> ifactor( -125/1764 );`
	 $-\frac{(5)^3}{(2)^2 \ (3)^2 \ (7)^2}$

Siehe auch	`isprime`, `ilcm`, `igcd`; → Größter gemeinsamer Teiler.

1.4 Größter gemeinsamer Teiler

igcd	
Problem	Gesucht ist der größte gemeinsame Teiler ganzer Zahlen.
Befehl	`igcd ( n1, ..., nk);`
Parameter	*n1,..., nk*: ganze Zahlen

Beispiel	Größter gemeinsamer Teiler von $540 = 2^2 \cdot 3^3 \cdot 5$, $210 = 2 \cdot 3 \cdot 5 \cdot 7$ und $13230 = 2 \cdot 3^3 \cdot 5 \cdot 7^2$:
	 `> igcd( 540, 210, 13230 );`
	 30
	 `> ifactor(%);`
	 $(2) \ (3) \ (5)$

Hinweise	Mit dem Befehl **ifactor** erhält man die Primfaktorzerlegung des größten gemeinsamen Teilers (**g**reatest **c**ommon **d**ivisor).
Siehe auch	`isprime`, `ifactor`, `ilcm`; → Primfaktorzerlegung.

1.5 Kleinstes gemeinsames Vielfaches

ilcm	
Problem	Gesucht ist das kleinste gemeinsame Vielfache ganzer Zahlen.
Befehl	**ilcm** (n1, ..., nk);
Parameter	*n1*,..., *nk*: ganze Zahlen
Beispiel	KgV von $540 = 2^2 \cdot 3^3 \cdot 5$, $210 = 2 \cdot 3 \cdot 5 \cdot 7$ und $13230 = 2 \cdot 3^3 \cdot 5 \cdot 7^2$: >**ilcm(540, 210, 13230);** $$26460$$ >**ifactor(%);** $$(2)^2 \; (3)^3 \; (5) \; (7)^2$$
Hinweise	Mit dem Befehl **ifactor** erhält man die Primfaktorzerlegung des kleinsten gemeinsamen Vielfachen (**l**east **c**ommon **m**ultiple).
Siehe auch	**isprime**, **ifactor**, **igcm**; → Größter gemeinsamer Teiler.

1.6 *n*-te Wurzel einer reellen Zahl

surd	
Problem	Gesucht ist die *n*-te Wurzel einer reellen Zahl: $\sqrt[n]{x}$.
Befehl	**surd** (x, n)
Parameter	*x*: reelle Zahl *n*: natürliche Zahl
Beispiel	>**surd(16/9,4);** $$\sqrt[4]{\frac{16}{9}}$$ $$\frac{2}{3}\sqrt{3}$$
Hinweise	Die Quadratwurzel einer positiven reellen Zahl wird auch mit **sqrt** berechnet. **evalf** wandelt das Ergebnis in eine float-Zahl um. Mit **root** werden auch von negativen float-Zahlen Wurzeln im Komplexen bestimmt.
Siehe auch	**^**, **sqrt**, **root**, **evalf**; → Berechnen von komplexen Wurzeln.

1.7 Logarithmus

log[b]	
Problem	Gesucht ist der Logarithmus zur Basis b einer positiven reellen Zahl x.
Befehl	`log[b]( x);`
Parameter	b: Basis x: positive reelle Zahl

Beispiele	$\log_2(8)$, $\log_{10}(100)$, $\ln(4)$, $\ln(4.)$
	
	`> log[2](8);`
	$$3$$
	`> log10(100);`
	$$2$$
	`> ln(4);`
	$$2\ln(2)$$
	`> ln(4.);`
	$$1.386294361$$

Hinweise	Der Logarithmus zu einer allgemeinen Basis b wird über den natürlichen Logarithmus **ln** gebildet. Es gilt die Umrechnungsformel $$\log_b(x) = \frac{\ln(x)}{\ln(b)}$$ Mit **simplify** kann ein Ausdruck vereinfacht werden, sofern Maple die Vereinfachung nicht automatisch vornimmt. Sind in den Ausdrücken Parameter enthalten, so müssen gelegentlich mit **assume** oder **assuming** Annahmen über diese Parameter getroffen werden. Spezielle Logarithmen sind:
	    ln = natürlicher Logarithmus = Logarithmus zur Basis e
	    log10 = 10er-Logarithmus = Logarithmus zur Basis 10

Siehe auch	`sqrt`, `simplify`; → n-te Wurzel einer reellen Zahl.

1.8 Darstellung komplexer Zahlen

	I
Problem	Darstellung und Umwandlung komplexer Zahlen in die Normalformen sowie die graphische Darstellung.
Befehl	Die imaginäre Einheit wird mit **I** bezeichnet! c := a + I*b (Algebraische Normalform) oder c := c*exp(I* ϕ) (Exponentielle Normalform)
Parameter	a, b: Real- und Imaginärteil c, ϕ : Betrag und Winkel

Beispiele	$$c_1 = 3 + 4\,i, \quad c_2 = 3\,e^{(4i)}$$
	`> c1:=3+4*I;`
	`> c2:=3*exp(4*I);`
	$$c1 := 3 + 4\,I$$
	$$c2 := 3\,e^{(4I)}$$
	Umwandlung von exponentieller zu algebraischer Normalform
	`> evalc(c2);`
	$$3\cos(4) + 3\,I\sin(4)$$
	Berechnung des Winkels und des Betrags
	`> phi:=argument(c1),`
	`> betrag:=abs(c1);`
	$$betrag := 5 \quad \phi := \arctan\left(\frac{4}{3}\right)$$
	Graphische Darstellung
	`> c3:= 3*exp(2.1*I): c4:=2-2*I:`
	`> with(plots):`
	`> complexplot([c1,c2, c3,c4], style=point);`[1]

Hinweise	Die imaginäre Einheit wird in Maple mit *I* bezeichnet!
Siehe auch	**evalc**(c) = Auswertung in der algebraischen Normalform, **conjugate**(c) = die zu c komplex konjugierte Zahl, **Re**(c) = Realteil von c, **Im**(c) = Imaginärteil von c, **abs**(c) = Betrag von c, **argument**(c) = Winkel von c; → Berechnen von komplexen Wurzeln → Rechnen mit reellen Zahlen → Rechnen mit komplexen Zahlen.

---

[1] Aus Platzgründen wird auf die Ausgabe der Graphik verzichtet.

1.9 Rechnen mit komplexen Zahlen

evalc	
Problem	Gesucht sind die Ergebnisse komplexer Rechenoperationen $$c_1 + c_2, \quad c_1 - c_2, \quad c_1 * c_2, \quad c_1 / c_2, \quad (c_1)^n$$
Befehl	**evalc**(c_1 <+, -, *, /> c_2);
Parameter	c_1, c_2: Komplexe Zahlen der Form $a + ib$ oder $c\, e^{i\varphi}$

Beispiele	$$c_1 = 3 + 4i, \quad c_2 = -2 + 3i$$
	 `> c1:=3+4*I:`
	 `> c2:=-2+3*I:`
	 `> evalc(c1*c2^2);`
	 $$33 - 56\,I$$
	 `> evalc(c1 - c2/c1);`
	 $$\frac{69}{25} + \frac{83}{25} I$$
	 `> c3:=4*exp(3*I);`
	 `> c4:=2*exp(2*I);`
	 `> simplify(c3*c4);`
	 $$8\, e^{(5\,I)}$$
	 `> evalc(c3*c4);`
	 $$8 \cos(3)\cos(2) - 8\sin(3)\sin(2) + I(8\sin(3)\cos(2) + 8\cos(3)\sin(2))$$
	 `> evalf(c3*c4);`
	 $$2.269297483 - 7.671394197\,I$$

Hinweise	Die Klammernschreibweise <+, -, ...> bedeutet, dass man einen der Verknüpfungen auswählen kann. Die imaginäre Einheit wird in Maple mit **I** bezeichnet! Um die n-ten Wurzeln einer komplexen Zahl c zu bestimmen, muss das Problem in ein Nullstellenproblem $z^n - c = 0$ umgeformt und mit dem **fsolve**-Befehl behandelt werden.
Siehe auch	**conjugate, Re, Im, abs, argument**; → Berechnen von komplexen Wurzeln → Rechnen mit reellen Zahlen.

1.10 Berechnen von komplexen Wurzeln

fsolve	
Problem	Gesucht sind alle k-ten komplexen Wurzeln einer komplexen Zahl c. $$z = c^{\left(\frac{1}{k}\right)} \Leftrightarrow z^k - c = 0$$
Befehl	**fsolve**(z^k-c=0, z, complex);
Parameter	c: Komplexe Zahl k: k-te Wurzel

Beispiele	Gesucht sind die 4. Wurzeln der Zahl $c = 1 - 2i$: $(1-2i)^{\frac{1}{4}}$
	`> c := 1-2*I:`
	`> fsolve(z^4-c=0, z, complex);`
	    $-1.176301073 + .3341624842\,I$, $-.3341624842 - 1.176301073\,I$
	    $.3341624842 + 1.176301073\,I$, $1.176301073 - .3341624842\,I$
	
	Gesucht sind die 8. Wurzeln der Zahl 1; die sog. 8. Einheitswurzeln: $1^{\frac{1}{8}}$
	`> c:=1:`
	`> Digits:=4:`
	`> fsolve(z^8-c=0, z, complex);`
	    -1.000, $-0.7071 - 0.7071\,I$, $-0.7071 + 0.7071\,I$
	    $-1.000\,I$, $1.000\,I$,
	    $0.7071 - 0.7071\,I$, $0.7071 + 0.7071\,I$, 1.000

Hinweise	Es werden nach dem Fundamentalsatz der Algebra alle k komplexen Nullstellen, sprich alle k Wurzeln, bestimmt. Durch die Angabe **Digits**:=n wird die Genauigkeit der Rechnung auf n Stellen gesetzt. Standardmäßig wird mit 10 Stellen gerechnet; zur übersichtlicheren Darstellung der Ausgabe wurde für das zweite Beispiel Digits:=4 gewählt.
Siehe auch	`evalc, Digits`; → Rechnen mit komplexen Zahlen → Näherungsweises Lösen einer Gleichung → n-te Wurzel einer reellen Zahl.

Kapitel 2: Umformen von Ausdrücken

Das Einsetzen einer Zahl in eine Formel bzw. das Auswerten eines Ausdrucks an einer vorgegebenen Stelle erfolgt durch **subs** oder mit **eval**. Die Vereinfachung von Ausdrücken erfolgt entweder durch den **simplify**-Befehl oder durch **normal**, der von einer Summe von Brüchen den Hauptnenner bildet und anschließend gemeinsame Faktoren kürzt. Mit **expand** werden Summenargumente in Funktionen in Ausdrücke von Funktionen mit Einzelargumenten umgewandelt. **combine** vereinfacht Ausdrücke, indem Summen, Produkte oder Potenzen durch einen einzigen Ausdruck ersetzt werden. Ein einfaches Beispiel ist die Vereinfachung von $\cos(x)\cos(y) - \sin(x)\sin(y)$ zu $\cos(x+y)$. Oftmals liefert **combine** die Umkehrung des **expand**-Befehls. **convert** führt die Darstellung eines Ausdrucks in einen spezifizierten Funktionstyp über.

2.1 Auswerten von Ausdrücken

eval, subs	
Problem	Auswerten eines Ausdrucks an einer vorgegebenen Stelle x_0.
Befehle	**subs**(x=x0, a); **eval**(a, x=x0);
Parameter	a: Ausdruck in x $x0$: Stelle der Auswertung

Beispiel	$x^4 + \sqrt{x}$ an der Stelle $x = 0.5$
	`> subs(x=0.5, x^4+sqrt(x));`
	$\qquad\qquad 0.7696067812$
	`> eval(x^4+sqrt(x), x=0.5);`
	$\qquad\qquad 0.7696067812$

Hinweise	Manchmal muss der Ausdruck anschließend mit **evalf**(%) in eine float-Darstellung umgewandelt werden.
Siehe auch	`evalf`; → Vereinfachen von Ausdrücken.

2.2 Vereinfachen von Ausdrücken

simplify normal	
Problem	Gesucht sind Vereinfachungen von Ausdrücken. Der **simplify**-Befehl vereinfacht Ausdrücke, der **normal**-Befehl bildet bei Brüchen den Hauptnenner und kürzt gemeinsame Faktoren.
Befehle	`simplify(a);` `normal(a);`
Parameter	*a*: Ausdruck

Beispiele	$x^4 x^5 = x^9$
	`> simplify(x^4*x^5);`
	$$x^9$$
	`> 1/(x-1) + 1/(x+1) + 1/x;`
	$$\frac{1}{x-1} + \frac{1}{x+1} + \frac{1}{x}$$
	`> normal(%);`
	$$\frac{3x^2 - 1}{(x-1)(x+1)x}$$
	`> y:=sin(x)^2+cos(x)^2:`
	`> y=simplify(y, trig);`
	$$\sin(x)^2 + \cos(x)^2 = 1$$
	`> simplify(arcsin(sin(x)), symbolic);`
	$$x$$

Hinweise	Manchmal müssen die Befehle mehrmals hintereinander ausgeführt werden. Manche Ausdrücke wie z.B. $\sqrt{x^2}$ werden nicht automatisch vereinfacht, da über die Terme nichts näheres bekannt ist. Mit **assume**(*x*>0) wird die Annahme *x*>0 getroffen. Alle weiteren Operationen werden dann unter dieser Annahme ausgeführt und durch ~*x* gekennzeichnet. Zum symbolischen Vereinfachen von z.B. $\sqrt{x^2}$ verwendet man den **simplify**-Befehl mit der Option *symbolic*.
Siehe auch	**expand**; → Expandieren von Ausdrücken → Auswerten von Ausdrücken.

2.3 Expandieren von Ausdrücken

expand	
Problem	Expandieren von Ausdrücken der Form $(x+1)^5$, $\sin(x+y)$.
Befehl	**expand**(a);
Parameter	*a*: Ausdruck
Beispiel	$\sin(x+y) = \sin(x)\cos(y) + \cos(x)\sin(y)$ > **expand(sin(x+y));** $\sin(x)\cos(y) + \cos(x)\sin(y)$
Siehe auch	**combine**; → Kombinieren von Ausdrücken.

2.4 Konvertieren eines Ausdrucks

convert	
Problem	Gesucht ist eine Konvertierung eines Ausdrucks in einen vorgegebenen Funktionstyp.
Befehl	**convert**(a, form);

Parameter	*a*: Ausdruck
	 form: Typ der neuen Darstellung; erlaubt sind u.a.
	        decimal, **degrees**, **exp**, **expln**, **expsincos**, **ln**,
	        radians, **rational**, **sincos**, **tan**, **trig**.

Beispiele	> **convert(sinh(x),expsincos);** $\dfrac{1}{2}e^x - \dfrac{1}{2}\dfrac{1}{e^x}$ > **convert(cot(x),sincos);** $\dfrac{\cos(x)}{\sin(x)}$
Hinweise	-
Siehe auch	**expand**, **combine**; → Kombinieren von Ausdrücken.

2.5 Kombinieren von Ausdrücken

combine	
Problem	Gesucht sind Vereinfachungen von Ausdrücken, indem Summen, Produkte oder Potenzen durch einen einzigen Ausdruck ersetzt werden.
Befehl	**combine**(a, opt);
Parameter	*a*: Ausdruck *opt*: Hinweise zur Darstellung (optional)
Beispiele	$\cos(x)\cos(y) - \sin(x)\sin(y) = \cos(x+y)$ > **combine(cos(x)*cos(y)-sin(x)*sin(y));** $\cos(x+y)$ > **combine((exp(x))^2*exp(y));** e^{2x+y} > **combine(2*ln(y)-ln(z), ln, symbolic);** $\ln\left(\dfrac{y^2}{z}\right)$
Optionale Parameter	**abs**: bei Betragstermen **arctan**: bei Termen mit arctan **exp**: bei exponentiellen Termumformungen **ln**: bei logarithmischen Termumformungen **power**: bei Potenztermen **radical**: bei Wurzeltermen **trig**: bei trigonometrischen Termumformungen
Hinweise	Für manche Vereinfachungen müssen mit **assume** Annahmen über die Parameter getroffen werden oder man verwendet den **combine**-Befehl mit der zusätzlichen Option *symbolic*. Alternativ werden die Annahmen mit der **assuming**-Konstruktion spezifiziert. Es können mehrere Optionen angegeben werden. Oftmals liefert **combine** die Umkehrung des **expand**-Befehls. Ausdrücke, die sich aus Summen der Befehle **Diff**, **Int**, **Sum** bzw. **Limit** zusammensetzen, werden möglichst durch einen Ausdruck ersetzt.
Siehe auch	**expand**; **assume**; → Expandieren von Ausdrücken.

Kapitel 3: Gleichungen, Ungleichungen, Gleichungssysteme

Kapitel 3 behandelt das Lösen von Gleichungen, Ungleichungen und einfachen Gleichungssystemen mit dem **solve**-Befehl. **solve** löst diese Probleme exakt, sofern die Lösung sich in einer algebraischen Form angeben lässt und Maple die Lösung findet. Alternativ kann der **fsolve**-Befehl zum numerischen Lösen von Gleichungen verwendet werden, insbesondere dann, wenn **solve** keine befriedigende Lösung liefert.

Besitzt die Gleichung mehrere Lösungen, so wird mit dem **fsolve**-Befehl nicht sichergestellt, dass auch alle Lösungen gefunden werden. In der Regel bestimmt der **fsolve**-Befehl bei komplizierteren Funktionen nur *eine* der Lösungen. Dann empfiehlt es sich, beide Seiten der Gleichung mit dem **plot**-Befehl zu zeichnen, um die Lage der Schnittpunkte graphisch zu ermitteln. Mit einer Option des **fsolve**-Befehls schränkt man die Suche auf ein Intervall ein. Anschließend kann das Intervall variiert werden.

Insbesondere beim Lösen von Ungleichungen mit dem **solve**-Befehl ist es vorteilhaft, beide Seiten der Ungleichung mit dem **plot**-Befehl zu zeichnen, um sich einen Überblick über die Lösungsintervalle zu verschaffen.

Bei der Verwendung des **solve**-Befehls zum Lösen von Gleichungen werden auch mögliche komplexe Lösungen angezeigt. Soll das Lösen der Gleichung jedoch nur innerhalb der reellen Zahlen erfolgen, beschränkt man mit dem Aufruf von **with(RealDomain)** die Rechnung auf die reellen Zahlen.

Enthalten die Gleichungen bzw. Ungleichungen Parameter, löst Maple das Problem in Abhängigkeit dieser Parameter. Es wird aber nicht geprüft, ob die gefundene Lösung auch für jede Wahl der Parameter definiert ist. Sind Parameter in der Problemstellung vorhanden, werden die Lösungsmöglichkeiten so vielfältig, dass Maple eventuell kein Ergebnis liefert. Mit der Befehlserweiterung **assuming** erfolgt die Ausführung nur des einen Befehls unter der vorgegebenen Annahme, während mit **assume** die Annahmen für die gesamte weitere Rechnung vereinbart werden.

3.1 Lösen einer Gleichung

solve	
Problem	Gesucht sind Lösungen der Gleichung $$f(x)=g(x)$$
Befehl	**solve**(eq, var);
Parameter	*eq*: Gleichung der Form f(x)=g(x) *var*: Variable der Gleichung

Beispiele	$$x^2 - 2x = \sqrt{x}$$ `> eq1 := x^2-2*x=sqrt(x):`
	 `> solve(eq1, x);` $$0, \frac{3}{2} + \frac{1}{2}\sqrt{5}$$ $$x^3 - 2x + 4 = 0$$ `> eq2 := x^3-2*x+4=0:`
	 `> solve(eq2, x);` $$-2, 1+I, 1-I$$ `> with(RealDomain);`
	 `> solve(eq2, x);` $$-2$$

Hinweise	Der **solve**-Befehl liefert - falls möglich - die exakten Lösungen der Gleichung. Je nach Gleichungstyp werden auch komplexe Lösungen gefunden. Diese erkennt man durch das Auftreten der imaginären Einheit *I*. Wenn das Lösen der Gleichung nur innerhalb der reellen Zahlen erfolgen soll, dann wird mit zuvorigem Aufruf von **with(RealDomain)** die Rechnung auf die reellen Zahlen beschränkt. Falls eine exakte Lösung nicht explizit angegeben wird, besteht die Möglichkeit durch **evalf**(%) anschießend das Ergebnis numerisch auszuwerten. Alternativ zu **solve** in Kombination mit **evalf** kann der **fsolve**-Befehl verwendet werden, um numerisch eine Lösung zu bestimmen.
Siehe auch	**fsolve**; → Näherungsweises Lösen einer Gleichung.

3.2 Näherungsweises Lösen einer Gleichung

fsolve	
Problem	Gesucht sind Näherungslösungen der Gleichung $$f(x)=g(x)$$
Befehl	`fsolve( eq, var);`
Parameter	*eq*: Gleichung der Form f(*x*)=g(*x*) *var*: Variable der Gleichung

Beispiele	`> eq := exp(x) - 4*x^2 = x;`
	$$eq := e^x - 4\,x^2 = x$$
	`> fsolve(eq, x);`
	$$0.5426594516$$
	`> eq:=x^4+3*x^3+x+1=0:`
	$$eq := x^4 + 3\,x^3 + x + 1 = 0$$
	`> fsolve(eq,x, complex);`
	$$-3.071488446,\ -.5636713417,\ .3175798939 - .6904638420\,I$$
	$$.3175798939 + .6904638420\,I$$

Optionale Parameter	> fsolve(eq, x, *x=x0..x1*); *x=x0..x1* gibt das Intervall an, in dem eine Lösung näherungsweise berechnet wird. > fsolve(eq, x, *complex*); berechnet auch komplexe Lösungen.
Hinweise	Ist f(*x*) ein Polynom vom Grade *n* und g(*x*)=0, dann werden mit der Option *complex* **alle** Nullstellen (reelle als auch komplexe) des Polynoms f(*x*) näherungsweise bestimmt. Für nichtpolynomiale Terme in der Gleichung ist bei mehreren Lösungen einer Gleichung nicht sichergestellt, dass alle gefunden werden. Mit dem **plot**-Befehl verschafft man sich einen Überblick über die Lage der Lösungen und mit der Option *x=x0..x1* schränkt man das Lösungsintervall ein. Durch die Angabe **Digits**:=*n* wird die Genauigkeit der Rechnung auf *n* Stellen gesetzt. Standardmäßig wird mit 10 Stellen gerechnet.
Siehe auch	`solve`, `Digits`; → Lösen einer Gleichung → Lösen einer Ungleichung.

3.3 Lösen einer Ungleichung

solve	
Problem	Gesucht sind Lösungen von Ungleichungen der Form $$f(x) \{<, \leq, >, \geq\} g(x)$$
Befehl	`solve( uneq, var);`
Parameter	*uneq*: Ungleichung der Form $f(x) \{<, \leq, >, \geq\} g(x)$ *var*: Variable der Gleichung

Beispiel	$$\|x\| < x^2 - 4x$$
	
	`> uneq := abs(x) < x^2-4*x:`
	`> solve(uneq, x);`
	    RealRange(Open(5), ∞), RealRange(–∞, Open(0))
	
	`> plot([lhs(uneq), rhs(uneq)], x=-2..6,`
	    `color=[black,red], thickness=2);`

Hinweise	Der **solve**-Befehl liefert - falls möglich - das Lösungsintervall, welches mit *RealRange* bezeichnet wird. *Open*(5) bzw. *Open*(0) bedeuten, dass es sich um ein offenes Intervall handelt. D.h. die Lösungsmenge lautet in mathematischer Schreibweise über Intervalle (-∞, 0) ∪ (5, ∞). Mit dem **plot**-Befehl erhält man graphisch einen Überblick über die beiden Seiten der Ungleichung. Dabei bezeichnet **rhs**(*uneq*) (**r**ight **h**and **s**ide) die rechte Seite und **lhs**(*uneq*) entsprechend die linke Seite der Ungleichung. **fsolve** kann nicht verwendet werden!
Siehe auch	`solve`, `plot`, `rhs`, `lhs`; → Lösen einer Gleichung.

3.4 Lösen von linearen Gleichungssystemen

solve	
Problem	Gesucht sind Lösungen von linearen Gleichungssystemen $$a_{1,1} x_1 + a_{1,2} x_2 + \dots + a_{1,n} x_n = b_1$$ $$a_{2,1} x_1 + a_{2,2} x_2 + \dots + a_{2,n} x_n = b_2$$ $$\dots$$ $$a_{m,1} x_1 + a_{m,2} x_2 + \dots + a_{m,n} x_n = b_m$$
Befehl	`solve( {eq1,...,eqm}, {var1,...,varn});`
Parameter	*eq1..eqm*: Lineare Gleichungen *var1..varn*: Variablen der Gleichungen

Beispiel	$$4 x1 + 5 x2 - x3 = 5$$ $$2 x1 - 3 x2 - x3 = 4$$
	`> eq1 := 4*x1+5*x2-x3=5:`
	`> eq2 := 2*x1-3*x2-x3=4:`
	`>solve({eq1,eq2}, {x1,x2,x3});`
	$$\{x1 = \frac{1}{2} - 4 x2, x2 = x2, x3 = -3 - 11 x2\}$$
	`> assign(%);`
	`> x3;`
	$$-3 - 11 x2$$

Hinweise	Der **solve**-Befehl liefert - falls sie existiert - die exakte Lösung innerhalb der gebrochenrationalen Zahlen. Falls in der Lösung ein freier Parameter enthalten ist, so wird dies z.B. wie im obigen Fall durch die Identität *x2=x2* angezeigt. Soll die Lösung den Variablen zugewiesen werden, muss dies anschließend explizit mit dem **assign**-Befehl veranlasst werden. Ist das System überbestimmt, liefert der **solve**-Befehl keine Lösung. Sucht man nur ganzzahlige Lösungen eines Gleichungssystems wird der **isolve**-Befehl statt dem **solve**-Befehl verwendet.
Siehe auch	`fsolve, assign`; → Lösen einer Gleichung → Lösen von überbestimmten linearen Gleichungssystemen → Näherungsweises Lösen einer Gleichung.

Kapitel 4: Vektoren, Matrizen und Eigenwerte

In Kapitel 4 werden Vektoren und Matrizen definiert und elementare Rechenoperationen für Vektoren und Matrizen behandelt.

Addition und Subtraktion von Vektoren oder Matrizen erfolgt durch + und -; die Multiplikation mit einer Zahl mit *. Es ist zu beachten, dass für die Matrizenmultiplikation bzw. die Multiplikation einer Matrix mit einem Vektor das Verknüpfungssymbol **.** lautet, da der *-Operator nur für kommutative Multiplikationen verwendet wird.

Für das Skalarprodukt (Punktprodukt) n-dimensionaler Vektoren und das Vektorprodukt (Kreuzprodukt) 3-dimensionaler Vektoren stehen die Befehle **DotProduct** und **CrossProduct** zur Verfügung. Der Winkel, den zwei Vektoren einschließen, wird mit **VectorAngle** berechnet. **Norm** bestimmt den Betrag eines Vektors.

Die Determinante einer Matrix wird mit **Determinant** gebildet, der Rang wird mit **Rank** bestimmt. Wichtig für das Lösen von linearen Differentialgleichungs-Systemen sind die Berechnung der Eigenwerte und Eigenvektoren einer Matrix mit **Eigenvalues** und **Eigenvectors** sowie die Bestimmung des charakteristischen Polynoms durch **CharacteristicPolynomial**. Die Wronski-Determinante prüft die lineare Unabhängigkeit von n Funktionen in einer Variablen. Hierzu stellt man zuerst mit **Wronskian** die Wronski-Matrix auf; mit **Determinant** wird hiervon dann die Determinante gebildet. Die meisten Befehle sind im **LinearAlgebra**-Package enthalten; **Wronskian** ist im **VectorCalculus**-Package.

4.1 Vektoren

Vector	
Problem	Definition eines Vektors *v*.
Befehl	**Vector**([v1,v2, ..., vn]);
Parameter	[*v1,v2, ..., vn*]: Liste von Zahlen
Beispiele	Definition eines **Spaltenvektors** > `v := Vector([3, 4, 5]);` $$v := \begin{bmatrix} 3 \\ 4 \\ 5 \end{bmatrix}$$ > `v[2];` $$4$$ Definition eines **Zeilenvektors** > `v := Vector[row]([1, 2, 3]);` $$v := [\,1, 2, 3\,]$$
Hinweise	Kurzschreibweisen für die Definition von Vektoren sind > `v := <3, 4, 5>;` für einen Spaltenvektor; > `v := <3| 4| 5>;` für einen Zeilenvektor. Mit v[2] wird auf die zweite Komponente des Vektors zugegriffen. **Norm** bestimmt sowohl für Zeilen- als auch Spaltenvektoren den Betrag. Die meisten Befehle für Vektoren sind im **LinearAlgebra**-Package enthalten, das mit **with(LinearAlgebra)** geladen wird.
Siehe auch	**Norm**, **VectorAngle**, **LinearAlgebra**; → Vektorrechnung → Lineare Unabhängigkeit von Vektoren (LGS) → Winkel zwischen zwei Vektoren.

4.2 Vektorrechnung

`DotProduct` `CrossProduct`	
Problem	Berechnet werden die Vektoroperationen $$v_1 \; \langle +, \; -, \; \text{Skalarprodukt}, \text{Kreuzprodukt} \rangle \; v_2$$
Befehle	v_1 `<+, ->` v_2 ; **`DotProduct`**(v_1, v_2); Skalarprodukt **`CrossProduct`**(v_1, v_2); Kreuzprodukt
Parameter	v_1, v_2 : Vektoren

Beispiele	$v_1 = [3, 4, 5] \quad v_2 = [-3, 2, -5]$
	 `> v1 := Vector([3, 4, 5]):`
	 `> v2 := Vector([-3, 2, -5]):`
	 `> 4*v1 + 2*v2;`
	 $$[6, 20, 10]$$
	 `> with(LinearAlgebra):`
	 Berechnung des Skalarproduktes
	 `> DotProduct(v1,v2);`
	 $$-26$$
	 Berechnung des Kreuzproduktes
	 `> CrossProduct(v1,v2);`
	 $$\begin{bmatrix} -30 \\ 0 \\ 18 \end{bmatrix}$$

Hinweise	Als Kurzschreibweise für einen Vektor kann auch v1 := <3, 4, 5>; verwendet werden. Man beachte, dass das Kreuzprodukt nur für Vektoren der Länge 3 definiert ist. Die Befehle **DotProduct** und **CrossProduct** stehen im **LinearAlgebra**-Package, das mit **with (LinearAlgebra)** geladen wird.
Siehe auch	**`Vector`**, **`Norm`**, **`VectorAngle`**, **`LinearAlgebra`**; → Vektoren → Matrizenrechnung → Winkel zwischen zwei Vektoren → Lineare Unabhängigkeit von Vektoren (LGS).

4.3 Winkel zwischen zwei Vektoren

Vector-Angle	
Problem	Gesucht ist der Winkel θ, den zwei Vektoren miteinander einschließen $$\cos(\theta) = \frac{u\,v}{|u|\,|v|}$$
Befehl	**VectorAngle**(u, v);
Parameter	*u, v*: Vektoren
Beispiel	$u = [\,1, -1, 0\,]$, $v = [\,3, 4, 5\,]$. > `with(LinearAlgebra):` > `u := Vector([1, -1, 0]);` > `v := Vector ([3, 4, 5]);` $$u := \begin{bmatrix} 1 \\ -1 \\ 0 \end{bmatrix} \quad v := \begin{bmatrix} 3 \\ 4 \\ 5 \end{bmatrix}$$ > `VectorAngle(u, v);` $$\pi - \arccos\left(\frac{1}{10}\right)$$ > `evalf(%);` $$1.670963748$$ > `convert(%, degrees);` $$300.7734746\,\frac{degrees}{\pi}$$
Hinweise	Der Winkel kann auch für zwei Vektoren der Länge *n* berechnet werden. Mit **evalf**(%) wird der Winkel in der float-Darstellung angegeben und mit **convert**(%, *degrees*) ins Winkelmaß konvertiert. **VectorAngle** ist im **LinearAlgebra**-Package enthalten, das mit **with(LinearAlgebra)** geladen wird.
Siehe auch	**Vector**, **Norm**, **LinearAlgebra**; → Lineare Unabhängigkeit von Vektoren (LGS) → Vektorrechnung → Vektoren.

4.4 Matrizen

Matrix	
Problem	Definition einer *mxn*-Matrix *A*, bestehend aus *m* Zeilen der Länge *n*.
Befehl	**Matrix**([[a11, a12,..., a1n], [a21, a22,..., a2n], ..., [am1,am2, ..., amn]]);
Parameter	[*ai1, ai2,..., ain*]: i-te Zeile der Matrix
Beispiel	$$A := \begin{bmatrix} -1 & 1 & 0 \\ 0 & 2 & 1 \\ 1 & 2 & 4 \end{bmatrix}$$ > `A:=Matrix([ [-1,1,0], [0,2,1], [1,2,4] ]);` $$A := \begin{bmatrix} -1 & 1 & 0 \\ 0 & 2 & 1 \\ 1 & 2 & 4 \end{bmatrix}$$
Hinweise	Die Definition einer Matrix erfolgt zeilenweise, indem jede Zeile in Form einer Liste angegeben wird. Eine Matrix ist in Maple ein zweidimensionales Feld a[i,j] bestehend aus einem Zeilen- und Spaltenindex indiziert von 1 ab. Alternativ zu obiger Definition können Matrizen in der folgenden Kurzschreibweise zeilenweise > `B := <<-7|2|3|2>,<1|1|0|7>,<2|-1|-1|-3>>;` oder spaltenweise > `B := <<-7,1,2>|<2,1,-1>|<3,0,-1>|<2,7,-3>>;` definiert werden Mit **Matrix**(4, 3) erzeugt man eine Matrix mit 4 Zeilen und 3 Spalten, welche mit Null initialisiert wird. Mit der Option **shape** = <*constant[3], identity, diagonal,...*> erzeugt man spezielle Matrizen.
Siehe auch	**Vector**, **Rank**; → Determinante → Rang einer (mxn)-Matrix → Eigenwerte und Eigenvektoren → Matrizenrechnung.

4.5 Matrizenrechnung

Matrix-Inverse	
Problem	Gesucht werden die Matrizenoperationen A_1 <+, -, *> A_2 bzw. die Transponierte und die Inverse einer Matrix
Befehle	A_1 <+, -, .> A_2; **Transpose**(*A*); **MatrixInverse**(*A*);
Parameter	A, A_1, A_2: Matrizen
| Beispiele | ```
> A:= Matrix([ [-1,1,0], [0,2,1], [1,2,4] ]):
> B:= Matrix([ [0,0,1], [0,4,0], [4,1,2]]):
> A.B;
```<br>$$\begin{bmatrix} 0 & 4 & -1 \\ 4 & 9 & 2 \\ 16 & 12 & 9 \end{bmatrix}$$<br>```
> with(LinearAlgebra):
> MatrixInverse(B);
```<br>$$\begin{bmatrix} \frac{-1}{2} & \frac{-1}{16} & \frac{1}{4} \\ 0 & \frac{1}{4} & 0 \\ 1 & 0 & 0 \end{bmatrix}$$ |
| Hinweise | Es wird davon ausgegangen, dass die Dimensionen der Matrizen passend für die Matrizenoperationen sind. Eine Matrix wird mit dem **Matrix**-Befehl erzeugt, wobei die Definition zeilenweise erfolgt. Für die Matrizenmultiplikation muss als Operator **.** verwendet werden, da der *-Operator nur für kommutative Multiplikationen verwendet wird. Für A_1, A_2 können auch skalare Größen bzw. Vektoren gesetzt werden, sofern diese Sinn machen.
Für manche Matrizenoperationen, wie z.B. das Invertieren der Matrix mit **MatrixInverse**, muss das **LinearAlgebra**-Package mit **with(LinearAlgebra)** geladen werden. |
| Siehe auch | **Matrix**, **Rank**; → Determinante → Rang einer (mxn)-Matrix → Eigenwerte und Eigenvektoren → Matrizen. |

4.6 Determinante

Determinant	
Problem	Gesucht ist die Determinante einer $n \times n$-Matrix A $$\det(A) = \det\begin{pmatrix} a_{1,1} & a_{1,2} & \cdots & a_{1,n} \\ a_{2,1} & a_{2,2} & \cdots & a_{2,n} \\ \cdots & & & \\ a_{n,1} & a_{n,2} & \cdots & a_{n,n} \end{pmatrix}$$
Befehl	`Determinant(A);`
Parameter	A: nxn-Matrix

Beispiel	$$A := \begin{bmatrix} -1 & 1 & 0 & -2 & 0 \\ 0 & 2 & 1 & 1 & 4 \\ 1 & 2 & 4 & 3 & 2 \\ 2 & 1 & 0 & 0 & 1 \\ 0 & 4 & 0 & 4 & 0 \end{bmatrix}$$
	 `> A:=Matrix([ [-1,1,0,-2,0], [0,2,1,1,4],`
	 `            [1,2,4,3,2],    [2,1,0,0,1],`
	 `            [0,4,0,4,0]]):`
	 `> with(LinearAlgebra):`
	 `> Det(A) = Determinant(A);`
	 $$\mathrm{Det}\begin{pmatrix} -1 & 1 & 0 & -2 & 0 \\ 0 & 2 & 1 & 1 & 4 \\ 1 & 2 & 4 & 3 & 2 \\ 2 & 1 & 0 & 0 & 1 \\ 0 & 4 & 0 & 4 & 0 \end{pmatrix} = -384$$

Hinweise	Der Befehl **Determinant** steht im **LinearAlgebra**-Package, das mit **with(LinearAlgebra)** geladen wird.
Siehe auch	`Matrix`, `Rank`; → Wronski-Determinante → Rang einer (mxn)-Matrix .

4.7 Wronski-Determinante

Wronskian Determinant	
Problem	Gesucht ist die Wronski-Determinante zu einer Liste von n Funktionen $f_1(x), ..., f_n(x)$ $$\det(A) = \det \begin{bmatrix} f_1 & f_2 & \cdots & f_n \\ \dfrac{\partial}{\partial x} f_1 & \dfrac{\partial}{\partial x} f_2 & \cdots & \dfrac{\partial}{\partial x} f_n \\ \cdots & & & \\ \left(\dfrac{\partial}{\partial x}\right)^{(n-1)} f_1 & \left(\dfrac{\partial}{\partial x}\right)^{(n-1)} f_2 & \cdots & \left(\dfrac{\partial}{\partial x}\right)^{(n-1)} f_n \end{bmatrix}$$
Befehle	**Wronskian**([f1, ..., fn], x); **Determinant**(%);
Parameter	*[f1, ..., fn]:* Liste von n Funktionen in der Variablen x *x:* Unabhängige Variable
Beispiel	$e^x, \sinh(x), \cosh(x)$ > `A:= [exp(x), sinh(x), cosh(x)]:` > `with(VectorCalculus, Wronskian):` > `Wr:= Wronskian(A, x);` $$Wr := \begin{bmatrix} e^x & \sinh(x) & \cosh(x) \\ e^x & \cosh(x) & \sinh(x) \\ e^x & \sinh(x) & \cosh(x) \end{bmatrix}$$ > `with(LinearAlgebra):` > `Determinant(Wr);` $$0$$ Da die Determinante Null ergibt, sind die 3 Funktionen linear abhängig.
Hinweise	Der Befehl **Wronskian** steht im **VectorCalculus**-Package; der **Determinant**-Befehl im **LinearAlgebra**-Package.
Siehe auch	`Determinant, LinearAlgebra, VectorCalculus;` → Determinante.

4.8 Rang einer (m×n)-Matrix

Rank	
Problem	Gesucht ist der Rang einer *m×n*-Matrix A (=Anzahl der linear unabhängigen Spalten der Matrix =Anzahl der linear unabhängigen Zeilen der Matrix) $$\text{Rang}(A) = \text{rang}\begin{pmatrix}\begin{bmatrix} a_{1,1} & a_{1,2} & \dots & a_{1,n} \\ a_{2,1} & a_{2,2} & \dots & a_{2,n} \\ \dots \\ a_{m,1} & a_{m,2} & \dots & a_{m,n} \end{bmatrix}\end{pmatrix}$$
Befehl	**Rank**(A);
Parameter	A: m×n -Matrix
Beispiel	$$A := \begin{bmatrix} -1 & 1 & 0 & -2 & 0 \\ 0 & 2 & 1 & 1 & 4 \\ 1 & 2 & 4 & 3 & 2 \\ 2 & 1 & 0 & 0 & 1 \\ 0 & 4 & 0 & 4 & 0 \end{bmatrix}$$ > **A:=Matrix([[-1,1,0,-2,0], [0,2,1,1,4], [1,2,4,3,2], [2,1,0,0,1], [0,4,0,4,0]]):** > **with(LinearAlgebra):** > **Rang(A) = Rank(A);** $$\text{Rang}\begin{pmatrix}\begin{bmatrix} -1 & 1 & 0 & -2 & 0 \\ 0 & 2 & 1 & 1 & 4 \\ 1 & 2 & 4 & 3 & 2 \\ 2 & 1 & 0 & 0 & 1 \\ 0 & 4 & 0 & 4 & 0 \end{bmatrix}\end{pmatrix} = 5$$
Hinweise	Der Befehl **Rank** steht im **LinearAlgebra**-Package, das mit **with(LinearAlgebra)** geladen wird.
Siehe auch	**Matrix**, **Determinant**; → Matrizenrechnung → Determinante → Lineare Unabhängigkeit von Vektoren (LGS).

4.9 Eigenwerte und Eigenvektoren

Eigenvalues Eigenvectors	
Problem	Gesucht sind Eigenwerte und Eigenvektoren einer $n \times n$-Matrix A $$A = \begin{bmatrix} a_{1,1} & a_{1,2} & \cdots & a_{1,n} \\ a_{2,1} & a_{2,2} & \cdots & a_{2,n} \\ \cdots & & & \\ a_{n,1} & a_{n,2} & \cdots & a_{n,n} \end{bmatrix}$$
Befehle	`Eigenvalues(`A`);` `Eigenvectors(`A`);`
Parameter	A: $n \times n$-Matrix

Beispiel	`> A := Matrix([[3,1,1], [1,3,-1],[0,0,4]]);` $$A := \begin{bmatrix} 3 & 1 & 1 \\ 1 & 3 & -1 \\ 0 & 0 & 4 \end{bmatrix}$$ `> with(LinearAlgebra):`
	`> Eigenvalues(A, output=list);`
	           $[2, 4, 4]$
	`> Eigenvectors(A, output=list);` $$\left[\left[2, 1, \left\{\begin{bmatrix} -1 \\ 1 \\ 0 \end{bmatrix}\right\}\right], \left[4, 2, \left\{\begin{bmatrix} 1 \\ 0 \\ 1 \end{bmatrix}, \begin{bmatrix} 1 \\ 1 \\ 0 \end{bmatrix}\right\}\right]\right]$$

Hinweise	Das Ergebnis von **Eigenvalues**(A, *output=list*) ist bei der gesetzten Outputoption eine Liste der Eigenwerte; doppelte Eigenwerte werden zweimal aufgeführt. Ohne die Option *output=list* ist das Ergebnis ein Spaltenvektor. **Eigenvectors**(A, *output=list*) besteht aus einer Liste von Listen. Jede Liste hat den Aufbau [Eigenwert, Vielfachheit, Menge zugehörender unabhängiger Eigenvektoren]. Der Eigenwert 2 hat die Vielfachheit 1 mit zugehörigem Eigenvektor $[-1, 1, 0]$. Der Eigenwert 4 hat die Vielfachheit 2 und zugehörige linear unabhängige Eigenvektoren sind $[1, 1, 0]$ und $[1, 0, 1]$. Ohne die Option *output=list* ist das Ergebnis eine Liste aus dem Vektor der Eigenwerte und einer Matrix mit den Eigenvektoren.
Siehe auch	`CharacteristicPolynomial`; → Charakteristisches Polynom.

4.10 Charakteristisches Polynom

Character- istic- Polynomial	
Problem	Gesucht ist das charakteristische Polynom einer *nxn*-Matrix A $$\det(A - \lambda I) = \det\left(\begin{bmatrix} a_{1,1} & a_{1,2} & \dots & a_{1,n} \\ a_{2,1} & a_{2,2} & \dots & a_{2,n} \\ \dots & & & \\ a_{n,1} & a_{n,2} & \dots & a_{n,n} \end{bmatrix} - \lambda I\right)$$
Befehl	`CharacteristicPolynomial(`A`, lambda);`
Parameter	A: nxn-Matrix *lambda*: Variable des charakteristischen Polynoms

Beispiel	```> A := Matrix([[3,1,1], [1,3,-1], [0,0,4]]);```
	$$A := \begin{bmatrix} 3 & 1 & 1 \\ 1 & 3 & -1 \\ 0 & 0 & 4 \end{bmatrix}$$
	```> with(LinearAlgebra):```
	```> CharacteristicPolynomial(A, lambda);```
	$$\lambda^3 - 10\lambda^2 + 32\lambda - 32$$
	```> solve(%=0, lambda);```
	$$2, 4, 4$$

Hinweise	Das charakteristische Polynom ist bei Maple als $det(\lambda I - A)$ festgelegt. Damit ist es bis auf das Vorzeichen mit der Standardnotation gleich. Die Eigenwerte ändern sich aber durch diese spezielle Festlegung nicht. Vor der Verwendung des Befehls muss das **LinearAlgebra**-Package geladen werden. Mit dem anschließenden **solve**-Befehl erhält man die Nullstellen des charakteristischen Polynoms, also die Eigenwerte. Sind die Nullstellen keine ganzen oder gebrochenrationalen Zahlen, verwendet man zur Lösung besser den **fsolve**-Befehl mit der Option *complex*. Dann werden **alle** *n* Nullstellen des charakteristischen Polynoms näherungsweise bestimmt.
Siehe auch	`Matrix`, `Eigenvalues`, `Eigenvectors`; `fsolve`; → Eigenwerte und Eigenvektoren → Lösen einer Gleichung.

Kapitel 5: Vektoren im IR^n

Das Überprüfen der linearen Unabhängigkeit von Vektoren des IR^n kann entweder durch den Rang der zugeordneten Matrix erfolgen (**Rank**-Befehl) oder indem die Lösung eines homogenen linearen Gleichungssystems mit **LinearSolve** bestimmt wird. Die Auswahl einer Menge linear unabhängiger Vektoren aus *k* Vektoren des IR^n erfolgt durch **Basis** und die Bestimmung der Dimension des Unterraums mit **Rank**. Die Befehle sind im **LinearAlgebra**-Package enthalten.

5.1 Lineare Unabhängigkeit von Vektoren (LGS)

LinearSolve	
Problem	*k* Vektoren (a_1, a_2, ..., a_k) des IR^n sind linear unabhängig, wenn das lineare Gleichungssystem $$\lambda_1 a_1 + \lambda_2 a_2 + ... + \lambda_k a_k = 0$$ nur durch $\lambda_1 = 0$, $\lambda_2 = 0$, ..., $\lambda_k = 0$ lösbar ist.
Befehl	Maple-Befehlsfolge
Parameter	*a1, ..., ak:* Vektoren oder Listen der Länge *n*.

Beispiel	$a_1 = \begin{bmatrix} -1 \\ 1 \\ 0 \\ -2 \\ 0 \end{bmatrix}$, $a_2 = \begin{bmatrix} 0 \\ 2 \\ 1 \\ 1 \\ 4 \end{bmatrix}$, $a_3 = \begin{bmatrix} 1 \\ 2 \\ 4 \\ 3 \\ 2 \end{bmatrix}$, $a_4 = \begin{bmatrix} 2 \\ 1 \\ 0 \\ 0 \\ 1 \end{bmatrix}$.
	``
	> a1:=[-1,1,0,-2,0]: a2:=[0,2,1,1,4]:
	> a3:=[1,2,4,3,2]: a4:=[2,1,0,0,1]:
	> with(LinearAlgebra):
	> A:= Transpose(Matrix([a1,a2,a3,a4])):
	> LinearSolve(A, <seq(0,i=1..RowDimension(A))>);
	`` $[0, 0, 0, 0]$

Hinweise	Die Befehle sind im **LinearAlgebra**-Package enthalten, das mit **with(LinearAlgebra)** geladen wird.
Siehe auch	`Matrix`, `Transpose`, `RowDimension`, `seq`.

5.2 Lineare Unabhängigkeit von Vektoren (Rang)

Matrix, Rank	
Problem	k Vektoren (a_1, a_2, ..., a_k) des $\mathbb{R}^n$ sind linear unabhängig, wenn der Rang der zugehörigen Matrix A den Wert k hat. $$\text{Rang}(A) = \text{rang}\begin{pmatrix} \begin{bmatrix} a_{1,1} & a_{1,2} & \cdots & a_{1,n} \\ a_{2,1} & a_{2,2} & \cdots & a_{2,n} \\ \cdots & & & \\ a_{k,1} & a_{k,2} & \cdots & a_{k,n} \end{bmatrix} \end{pmatrix}$$
Befehl	`Rank( Matrix ([a1,a2, ..., ak]) );`
Parameter	*a1, ..., ak:* Vektoren oder Listen der Länge n.

Beispiel	$a_1 = \begin{bmatrix} -1 \\ 1 \\ 0 \\ -2 \\ 0 \end{bmatrix}$, $a_2 = \begin{bmatrix} 0 \\ 2 \\ 1 \\ 1 \\ 4 \end{bmatrix}$, $a_3 = \begin{bmatrix} 1 \\ 2 \\ 4 \\ 3 \\ 2 \end{bmatrix}$, $a_4 = \begin{bmatrix} 2 \\ 1 \\ 0 \\ 0 \\ 1 \end{bmatrix}$.
	
	`> a1:=[-1,1,0,-2,0]:`
	`> a2:=[0,2,1,1,4]:`
	`> a3:=[1,2,4,3,2]:`
	`> a4:=[2,1,0,0,1]:`
	`> with(LinearAlgebra):`
	`> Rang(A) = Rank( Matrix([a1,a2,a3,a4]) );`
	$\text{Rang}(A) = 4$

Hinweise	Der Befehl **Rank** steht im **LinearAlgebra**-Package, das mit **with(LinearAlgebra)** geladen wird. Ist der Rang kleiner als die Anzahl der Vektoren, dann sind die Vektoren linear abhängig.
Siehe auch	`Determinant`; → Rang einer (m×n)-Matrix.

5.3 Basis des $\mathbb{R}^n$

Basis	
Problem	Gegeben sind k Vektoren (a_1, a_2, ..., a_k) des $\mathbb{R}^n$. Gesucht ist eine maximale Liste linear unabhängiger Vektoren.
Befehl	`Basis([a1,a2, ..., ak]);`
Parameter	*a1, ..., ak:* Vektoren der Länge *n*.

Beispiel	$a_1 = \begin{bmatrix} -1 \\ 1 \\ 0 \\ -2 \end{bmatrix}, a_2 = \begin{bmatrix} 0 \\ 2 \\ 1 \\ 1 \end{bmatrix}, a_3 = \begin{bmatrix} 1 \\ 2 \\ 4 \\ 3 \end{bmatrix}, a_4 = \begin{bmatrix} 2 \\ 1 \\ 0 \\ 0 \end{bmatrix}, a_5 = \begin{bmatrix} -1 \\ 0 \\ -1 \\ 0 \end{bmatrix}$.
	
	 `> a1:=Vector([-1,1,0,-2]):`
	`> a2:=Vector([0,2,1,1]):`
	`> a3:=Vector([1,2,4,3]):`
	`> a4:=Vector([2,1,0,0]):`
	`> a5:=Vector([-1,0,-1,0]):`
	`> with(LinearAlgebra):`
	`> Basis([a1,a2,a3,a4,a5]);`
	
	 $\left[\begin{bmatrix} -1 \\ 1 \\ 0 \\ -2 \end{bmatrix}, \begin{bmatrix} 0 \\ 2 \\ 1 \\ 1 \end{bmatrix}, \begin{bmatrix} 1 \\ 2 \\ 4 \\ 3 \end{bmatrix}, \begin{bmatrix} 2 \\ 1 \\ 0 \\ 0 \end{bmatrix} \right]$
	
	 a_1, a_2, a_3, a_4 sind linear unabhängige Vektoren, die den Vektorraum $[a_1, a_2, a_3, a_4, a_5]$ aufspannen.

Hinweise	Der Befehl **Basis** steht im **LinearAlgebra**-Package, das mit **with(LinearAlgebra)** geladen wird.
Siehe auch	`Vector`; → Rang einer (mxn)-Matrix → Lineare Unabhängigkeit von Vektoren (Rang).

5.4 Dimension eines Unterraums

Matrix, Rank	
Problem	Gesucht ist die Dimension des Unterraumes, der durch k Vektoren ($a_1, a_2, ..., a_k$) des $\mathbb{R}^n$ aufgespannt wird. $$\text{Rang}(A) = \text{rang}\begin{pmatrix}\begin{bmatrix} a_{1,1} & a_{1,2} & ... & a_{1,n} \\ a_{2,1} & a_{2,2} & ... & a_{2,n} \\ ... & & & \\ a_{k,1} & a_{k,2} & ... & a_{k,n} \end{bmatrix}\end{pmatrix}$$
Befehl	`Rank( Matrix([a1,a2, ..., ak]) );`
Parameter	*a1, ..., ak:* Vektoren oder Listen der Länge n.

Beispiel	$$a_1 = \begin{bmatrix} -1 \\ 1 \\ 0 \\ -2 \\ 0 \end{bmatrix},\ a_2 = \begin{bmatrix} 0 \\ 2 \\ 1 \\ 1 \\ 4 \end{bmatrix},\ a_3 = \begin{bmatrix} 1 \\ 2 \\ 4 \\ 3 \\ 2 \end{bmatrix},\ a_4 = \begin{bmatrix} 0 \\ 5 \\ 5 \\ 2 \\ 6 \end{bmatrix}.$$
	
	`> a1:=[-1,1,0,-2,0]:`
	`> a2:=[0,2,1,1,4]:`
	`> a3:=[1,2,4,3,2]:`
	`> a4:=[0,5,5,2,6]:`
	
	`> with(LinearAlgebra):`
	`> Rang(A) = Rank( Matrix([a1,a2,a3,a4]) );`
	$$\text{Rang}(A) = 3$$
	
	Die Dimension des Unterraums, der durch (a_1, a_2, a_3, a_4) aufgespannt wird, ist 3.

Hinweise	Der Befehl **Rank** steht im **LinearAlgebra**-Package, das mit **with(LinearAlgebra)** geladen wird. Um aus der Liste der Vektoren linear unabhängige Vektoren auszuwählen, verwendet man den **Basis**-Befehl.
Siehe auch	**Basis**; → Lineare Unabhängigkeit von Vektoren (Rang) → Basis des IRn → Rang einer (mxn)-Matrix .

Kapitel 6: Affine Geometrie

Im Kapitel über die affine Geometrie werden Objekte wie Punkte, Geraden, Ebenen und Kugeln (Sphären) im $\mathbb{R}^3$ definiert und die Lage dieser Objekte zueinander diskutiert. Es werden entweder Abstände (**distance**-Befehl) der Objekte oder die Schnittmenge (**intersection**) und der Schnittwinkel (**FindAngle**) bestimmt. Mit **TangentPlane** wird eine Tangentialebene an eine Sphäre *s* in einem Punkt *P* der Sphäre bestimmt. Die Befehle sind im **geom3d**-Package enthalten. Beim Aufruf des Package erfolgt die Warnung „Warning, the name polar has been redefined", die mit `interface(warnlevel=0)` unterdrückt werden kann. Für die CD-Rom-Version wurde dieser Befehl in die Datei *maple.ini* geschrieben, die sich im Verzeichnis der Worksheets befindet. Da diese Datei beim Start der Worksheets über den Link im Buch eingelesen wird, werden die Warnungen generell unterdrückt. Die Maple-Standardeinstellung erhält man mit *warnlevel*=1.

6.1 Definition von Punkt, Gerade und Ebene

point line plane	
Problem	Gesucht sind die Definitionen und die Darstellungen von Punkten, Geraden und Ebenen im $\mathbb{R}^3$.
Befehle	**point**(P1, [x1,y1,z1]); **line**(g1, [P1,P2]); **plane**(E1, [P1,P2,P3]);
Parameter	*[x1,y1,z1]*: Koordinaten des Punktes P1 *g1*: Name der Geraden durch die Punkte P1, P2 *E1*: Name der Ebene durch die Punkte P1, P2, P3
Beispiele	> `with(geom3d):` Definition der Punkte P_1, P_2, P_3 > `point(P1, [1,0,0]): detail(P1);`

```
>point(P2, [2,2,1]):
>point(P3, [-1,-2,1]):
```

name of the object: P1
    form of the object: point3d
    coordinates of the point: [1, 0, 0]

Definition der Geraden g_1 durch die Punkte P_1, P_2
```
>line(g1, [P1,P2]);
```
$$g1$$
```
>Equation(g1, lambda);
```
$$[1+\lambda, 2\lambda, \lambda]$$

Definition der Ebene E_1 durch die Punkte P_1, P_2, P_3
```
>plane(E1, [P1,P2,P3]);
```
$$E1$$
```
>Equation(E1, [x,y,z]);
```
$$-4 + 4x - 3y + 2z = 0$$

Die graphische Darstellung der Objekte erfolgt mit **draw**
```
>draw({E1,g1}, axes=boxed, numpoints=2000);
```

Hinweise	Die Befehle befinden sich im **geom3d**-Package, das mit **with(geom3d)** geladen wird. Mit dem **draw**-Befehl werden die Objekte gezeichnet. Mit **detail** bzw. **Equation** erhält man Informationen über die Objekte.
Siehe auch	`detail`, `draw`; → Schnitte von Geraden und Ebenen → Abstände von Punkten, Geraden und Ebenen → Definition und Darstellung von Kugeln (Sphären).

6.2 Schnitte von Geraden und Ebenen

`intersection coordinates FindAngel`	
Problem	Gesucht sind die Koordinaten des Schnittpunktes zweier Geraden oder Gerade-Ebene bzw. deren Schnittwinkel.

Befehle	`intersection(S, obj1, obj2);`
	`coordinates(S);`
	`FindAngel(obj1, obj2);`

Parameter	*S:* Name des Schnittpunktes der Objekte obj1 und obj2 *obj1:* Punkt, Gerade oder Ebene *obj2:* Punkt, Gerade oder Ebene
Beispiele	> `with(geom3d):` Definition der Geraden g_1 und g_2 > `point(P, [1,-2,0]):` > `line(g1, [P, [-1,2,0]]):` > `line(g2, [P, [-1,0,1]]):` Berechnung des Schnittpunktes *S* und dessen Koordinaten > `intersection(S, g1,g2):` > `coordinates(S);` $$[1, -2, 0]$$ Berechnung des Winkels > `FindAngle(g1,g2);` $$\arccos\left(\frac{1}{10}\sqrt{5}\sqrt{2}\right)$$ > `evalf(%);` $$1.249045772$$
Hinweise	Die Befehle befinden sich im **geom3d**-Package, das mit **with(geom3d)** geladen wird.
Siehe auch	`point`, `line`, `plane`; → Definition von Punkt, Gerade und Ebene → Abstände von Punkten, Geraden und Ebenen.

6.3 Abstände von Punkten, Geraden und Ebenen

distance	
Problem	Gesucht ist der Abstand von Punkten, Geraden oder Ebenen.
Befehl	**distance**(obj1, obj2);
Parameter	*obj1:* Punkt, Gerade oder Ebene *obj2:* Punkt, Gerade oder Ebene

Beispiel	Gesucht ist der Abstand des Punktes $Q(5, -3, 2)$ zur Geraden g_1, die durch den Punkt $P(1, -2, 0)$ und den Richtungsvektor $\vec{a} = (0, 2, 0)$ festgelegt ist.
	
	 `> with(geom3d):`
	
	 Definition der Geraden g_1 und des Punktes Q
	 `> point(P, [1,-2,0]):`
	 `> line(g1, [P, [0,2,0]]):`
	 `> point(Q, [5,-3,2]):`
	 `> distance(Q,g1);`
	 $$2\sqrt{5}$$

Hinweise	Die Befehle befinden sich im **geom3d**-Package, das mit **with(geom3d)** geladen wird. Liegen die Objekte aufeinander bzw. schneiden sie sich, ist der Abstand Null.
Siehe auch	**point**, **line**, **plane**; → Definition von Punkt, Gerade und Ebene → Schnitte von Geraden und Ebenen.

6.4 Definition und Darstellung von Kugeln (Sphären)

sphere	
Problem	Gesucht sind die Darstellungen von Kugeln (Sphären) im $\mathbb{R}^3$.
Befehle	**sphere**(s, [A, B, C, D], [x,y,z]); **sphere**(s, [A, rad], [x,y,z]); **sphere**(s, eq, [x,y,z]);
Parameter	*s*: Name der Kugel (Sphäre) *A,B,C,D*: Punkte *rad*: Radius *eq*: Gleichung der Kugel *[x,y,z]*: Namen der Koordinatenachsen
Beispiele	> `with(geom3d):` Definition einer Kugel über die Kugelgleichung > `sphere(s1, (x-3)^2+(y-1)^2+z^2+7*y-2*z+2=0, [x,y,z]);` *s1* > `draw(s1,axes=boxed);` Mit **detail** erhält man Informationen über die Kugeleigenschaften, wie z.B. Kugelmittelpunkt (*coordinates of the center*), Kugelradius (*radius of the sphere*), Oberfläche (*surface area of the sphere*), Volumen (*volume of the sphere*) und Normalform der Kugel (*equation of the sphere*). Den Mittelpunkt kann man mit dem Namen *center_s1_1* weiter verwenden.

6.4 Definition und Darstellung von Kugeln (Sphären)

```
> detail(s1);
```
name of the object: s1

    form of the object: sphere3d

    name of the center: center_s1_1

    coordinates of the center: [3, -5/2, 1]

    radius of the sphere: 1/2*17^(1/2)

    surface area of the sphere: 17*Pi

    volume of the sphere: 17/6*Pi*17^(1/2)

    equation of the sphere: x^2+y^2+z^2+12-6*x+5*y-2*z = 0

Alternativ werden durch die Befehle **center**, **coordinates**, **radius**, **Equation** diese Informationen separat bestimmt:

```
> center(s1);
```
$$center\_s1\_1$$

```
> coordinates(center(s1));
```
$$\left[3, \frac{-5}{2}, 1 \right]$$

```
> radius(s1);
```
$$\frac{1}{2}\sqrt{17}$$

```
> Equation(s1);
```
$$x^2 + y^2 + z^2 + 12 - 6x + 5y - 2z = 0$$

Hinweise	Die Befehle befinden sich im **geom3d**-Package, das mit **with(geom3d)** geladen wird.
	Mit dem **draw**-Befehl werden die Objekte gezeichnet und mit **detail** bzw. **Equation** erhält man Informationen über die Objekte.
Siehe auch	`detail`, `Equation`, `center`, `radius`, `point`, `draw`; → Schnitte von Geraden und Ebenen → Abstände von Punkten, Geraden und Ebenen → Schnittpunkte einer Sphäre mit einer Geraden → Tangentialebene an Sphäre durch eine Gerade.

6.5 Schnittpunkte einer Sphäre mit einer Geraden

`inter-section`	
Problem	Gesucht ist die Schnittmenge einer Sphäre mit einer Geraden.
Befehle	`intersection`(obj, l, s);
Parameter	*obj:* Name der Schnittmenge der Sphäre *s* mit Geraden *l* *l:* Linie *s:* Sphäre

Beispiele	> `with(geom3d):`
	Definition der Sphäre
	> `sphere(s,x^2+y^2+z^2+7*y-2*z+2=0, [x,y,z]):`
	Definition der Linie *l* durch zwei Punkte P_1 und P_2
	> `point(P1,[5.,5,5]):`
	> `point(P2,[0,-7/2,1]):`
	> `line(l, [P1,P2]):`
	> `intersection(obj, l,s):`
	      intersection: "two points of intersection"
	> `detail(obj);`
	    name of the object: l_intersect1_s
	     form of the object: point3d
	      coordinates of the point: [-1.575, -6.18, -.260]
	    name of the object: l_intersect2_s
	     form of the object: point3d
	      coordinates of the point: [1.576, -.821, 2.261]
	Die Schnittmenge besteht aus zwei Punkten, die mit *l_intersect1_s* und *l_intersect2_s* bezeichnet werden.

Hinweise	Für die Ausgabe wurden nur 4 Dezimalstellen der Übersichtlichkeit gewählt. Ebenso kann die Schnittmenge z.B. zwischen zwei Sphären bestimmt werden. Mit dem **draw**-Befehl werden die Objekte gezeichnet und mit **detail** erhält man Informationen über die Schnittmengen.
Siehe auch	`detail`, `Equation`, `point`, `draw`; → Definition von Punkt, Gerade und Ebene → Abstände von Punkten, Geraden und Ebenen .

6.6 Tangentialebene an Sphäre durch eine Gerade

Tangent-Plane	
Problem	Gesucht ist die Tangentialebene an eine Sphäre *s* durch eine Gerade *g*.
Befehle	`intersection(obj, g, s);` `TangentPlane(p, A, s);`
Parameter	*p:* Name der Ebene *A:* Schnittpunkt der Sphäre *s* mit Geraden *g* *s:* Sphäre *g:* Gerade *obj:* Name der Schnittmenge der Sphäre *s* mit Geraden *g*

Beispiele	`> with(geom3d):`
	
	Definition der Sphäre mit dem Ursprung *O* als Mittelpunkt und Radius *r*=1
	`> point(A, [0,0,0]):`
	`> r:=1:`
	`> sphere(s,[A,r],[x,y,z]):`
	
	Definition einer Geraden *g*, die durch die Sphäre geht
	`> point(P1,[5,5,5]):`
	`> point(P2,[-5,-5,-5]):`
	`> line(g, [P1,P2]):`
	
	`> intersection(obj, g,s);`
	     intersection: "two points of intersection"
	
	`> detail(obj);`
	name of the object: g_intersect1_s
	   form of the object: point3d
	   coordinates of the point: [-.577, -.577, -.577]
	name of the object: g_intersect2_s
	   form of the object: point3d
	   coordinates of the point: [.577, .577, .577]
	
	Die Schnittmenge besteht aus zwei Punkten, die mit *g_intersect1_s* und *g_intersect2_s* bezeichnet werden. Für die Ausgabe werden der Übersichtlichkeit nur 4 Dezimalstellen gewählt.

Durch den Punkt *g_intersect2_s* bestimmen wir die Tangentialebene:

> `TangentPlane(p, g_intersect2_s, s);`
$$p$$

> `detail(p);`
Warning, assuming that the names of the axes are _x, _y and _z
name of the object: p
form of the object: plane3d
equation of the plane:
$$1-1/3*3^{\wedge}(1/2)*\_x-1/3*3^{\wedge}(1/2)*\_y-1/3*3^{\wedge}(1/2)*\_z = 0$$

> `draw([s,g,p], style=patchnogrid,`
    `axes=boxed, orientation=[-45,70]);`

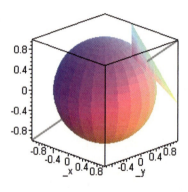

Hinweise	Für die Ausgabe werden nur 4 Dezimalstellen der Übersichtlichkeit gewählt. Die Befehle befinden sich im **geom3d**-Package, das mit **with(geom3d)** geladen wird. Mit dem **draw**-Befehl werden die Objekte gezeichnet.
Siehe auch	`detail`, `intersection`, `point`, `draw`; → Definition von Punkt, Gerade und Ebene → Abstände von Punkten, Geraden und Ebenen → Definition und Darstellung von Kugeln (Sphären) → Schnittpunkte einer Sphäre mit einer Geraden.

Kapitel 7: Definition von Funktionen

In Kapitel 7 werden elementare Funktionen in Maple vorgestellt: Welche Standardfunktionen Maple zur Verfügung stellt und wie man selbst Funktionen definiert. Dazu kann man entweder von einem Funktionsausdruck ausgehen und ihn mit dem **unapply**-Befehl in eine Funktion umwandeln. Oder man definiert eine Funktion direkt mit dem Zuweisungsoperator **->**. Zusammengesetzte Funktionen definiert man mit dem **piecewise**-Befehl oder über die **proc**-Konstruktion.

Es ist wichtig zwischen einem Ausdruck $y:=x\wedge2$ und einer Funktion $f:=x \rightarrow x\wedge2$ zu unterscheiden, da die Handhabung von Ausdrücken (Formeln) und Funktionen unterschiedlich ist. Eine Funktion kann man an einer Zwischenstelle x_0 mit $f(x_0)$ auswerten; $y(x_0)$ macht aber keinen Sinn, da y nur der Platzhalter für $x\wedge2$ ist. Für die meisten Anwendungen wie z.B. Formelmanipulationen oder die graphische Darstellung von Funktionen verwendet man bevorzugt Ausdrücke anstelle von Funktionen.

7.1 Elementare Funktionen

?inifunctions	
Problem	Gesucht sind die vordefinierten Funktionen in Maple.
Befehl	?inifunctions
Parameter	-
Beispiel	`> ?inifunctions;` exp, ln, log10, log[b], sqrt, abs, min, max, round, trunc, frac, signum, sin, cos, tan, cot, arcsin, arccos, arctan, arccot, sinh, cosh, tanh, coth, arcsinh, arccosh, arctanh, arccoth ... uva.
Hinweise	Um mit den gängigen Routinen wie z.B. **diff**, **int**, **plot** zu arbeiten, übergibt man dem jeweiligen Befehl nicht die Funktion f, sondern den Funktionsausdruck f(x). Die Funktionsauswertungen werden exakt ausgeführt. Da z.B. die Quadratwurzel aus 2 nicht als float-Zahl exakt darstellbar ist, ist das Ergebnis der Auswertung $\sqrt{2}$.
Siehe auch	`evalf`; → Definition von Funktionen.

7.2 Auswerten elementarer Funktionen

evalf	
Problem	Gesucht sind die Funktionswerte elementarer Funktionen.
Befehl	f(x0)
Parameter	*f*: Funktionsname *x0*: Stelle für die Auswertung
Beispiele	$$\sin(\frac{\pi}{4}),\ e^2,\ \sqrt{2}$$ `> sin(Pi/4);` $$\frac{1}{2}\sqrt{2}$$ `> exp(2.);` $$7.389056099$$ `> sqrt(2);` $$\sqrt{2}$$ `> evalf(%);` $$1.414213562$$
Hinweise	Man beachte, dass die Funktionsauswertungen exakt ausgeführt werden. Da z.B. die Quadratwurzel aus 2 nicht durch eine float-Zahl exakt dargestellt werden kann, ist das Ergebnis der Auswertung $\sqrt{2}$. Die Auswertung als float-Zahl erfolgt, wenn man dies mit **evalf** veranlasst. **%** steht für das zuletzt berechnete Ergebnis. Statt der Konvertierung mit **evalf** genügt es, das Argument in einer .-Darstellung anzugeben. Dann werden alle Werte bis auf 10 Stellen genau berechnet. Mit **?inifunctions** erhält man einen Überblick über alle in Maple vordefinierten Funktionen.
Siehe auch	`evalf`, `Digits`, `inifunctions`, `piecewise`; → Definition von Funktionen → Definition zusammengesetzter Funktionen.

7.3 Definition von Funktionen

unapply **->**	
Problem	Definition von Funktionen.
Befehle	f := x -> a(x) f:= **unapply** (a(x), x)
Parameter	*f*: Funktionsname *x*: Variable *a(x)*: Funktionsausdruck in der Variablen *x*

Beispiele	x^2 bzw. $1+\sqrt{x}$
	
	 Definition einer Funktion
	 `> f := x -> x^2;`
	 `> f(4);`
	 $$f := x \to x^2$$ $$16$$
	
	 Umwandeln eines Ausdrucks in eine Funktion
	 `> g := unapply(1+sqrt(x), x);`
	 $$g := x \to 1 + \sqrt{x}$$
	 `> g(1);`
	 $$2$$
	
	 Definition einer Funktion in zwei Variablen
	 `> f:= (x,y) -> sqrt(x^2+y^2);`
	 $$f := (x, y) \to \sqrt{x^2+y^2}$$
	 `> f(2,1);`
	 $$\sqrt{5}$$

Hinweise	Die Unterscheidung von Funktionen und Ausdrücken ist wichtig, da die Befehle für Funktionen und Ausdrücke teilweise unterschiedlich lauten bzw. die Befehle anders aufgerufen werden. Der Zuweisungsoperator -> wird auch zur Definition von Funktionen mit mehreren Variablen verwendet.
Siehe auch	`inifunctions`, `piecewise`, `proc`; → Auswerten elementarer Funktionen → Definition zusammengesetzter Funktionen.

7.4 Definition zusammengesetzter Funktionen

piecewise	
Problem	Definition zusammengesetzter Funktionen.
Befehl	**piecewise**(bed_1,f_1, bed_2,f_2, ..., bed_n,f_n, f_sonst)
Parameter	*bed_1, f_1*: für *bed_1* gilt die Funktionsvorschrift *f_1* *bed_2, f_2*: für *bed_2* gilt die Funktionsvorschrift *f_2* *f_sonst*: für die restlichen Bereiche gilt *f_sonst*
Beispiel	$$f(x) := \begin{cases} x^2 & x < 1.5 \\ x + .75 & x < 3 \\ 6.75 - x & sonst \end{cases}$$ ``` > f(x):=piecewise(x<1.5,x^2, x<3,x+0.75, 6.75-x): > plot(f(x), x=-1..5, thickness=2); ```
Hinweise	Alternativ zum **piecewise**-Befehl kann eine zusammengesetzte Funktion über ein Maple-Unterprogramm mit der **proc**-Konstruktion definiert werden.
Siehe auch	`inifunctions`, `piecewise`, `proc`, `plot`; → Auswerten elementarer Funktionen → Definition von Funktionen → proc-Konstruktion.

Kapitel 8: Graphische Darstellung von Funktionen in einer Variablen

Die graphische Darstellung von Funktionen in einer Variablen erfolgt durch den **plot**-Befehl. Mit **plot** können auch mehrere Funktionen in ein Schaubild gezeichnet werden, wenn diese in Form einer Liste [f1, f2, ...] angegeben werden. Besitzt eine darzustellende Funktion eine Polstelle, ist es wichtig den *y*-Bereich des Schaubildes einzuschränken, da sonst der Funktionsverlauf nicht erkennbar wird.

Eine Veränderung der graphischen Darstellung kann direkt über die vielfältigen Optionen des **plot**-Befehls vorgenommen werden. Unter **?plot[options]** sind alle Optionen des **plot**-Befehls beschrieben. Zur interaktiven Manipulation klickt man das Schaubild an und wählt dann Optionen der Menüleiste aus, die im Worksheet oben angezeigt werden. Alternativ klickt man mit der rechten Maustaste auf die Graphik und spezifiziert einen der angegebenen Optionen.

Sehr umfangreich ist der interaktive **PlotBuilder**. Um ihn zu verwenden, definiert man die zu zeichnende Funktion, z.B. mit `y:=sin(x);` klickt mit der rechten Maustaste auf die Maple-Ausgabe und folgt der Menü-Führung

Plots → Plot Builder → Options → ... → Plot

Sind mehrere Maple-Bilder p1, p2, ... definiert, so können diese mit dem **display**-Befehl in ein Schaubild gezeichnet werden. Die wichtigste Option von **display** ist *insequence*=<true, false>. Bei *insequence=false* werden alle Bilder in einem Schaubild übereinander gelegt; während bei *insequence=true* die Bilder als Einzelschaubilder in Form einer Animation ablaufen.

Eine Animation wird gestartet, indem man das Bild im Worksheet anklickt. Dann erscheint im Worksheet oben eine Leiste, die der eines Media-Players entspricht. Von dort aus lässt sich die Animation starten.

Für eine logarithmische Skalierung der Achsen wie z.B. für das Bode-Diagramm verwendet man die Befehle **logplot**, **semilogplot** oder **loglogplot**. Die vielfältigen anderen Befehle zur graphischen Darstellung sind im **plots**-Package enthalten, das mit **with(plots)** aktiviert wird. Beim Aufruf des **plots**-Package erscheint bei manchen Maple-Versionen die Warnung

Warning, the name changecoords has been redefined

die ignoriert werden kann. Sie kann mit `interface(warnlevel=0)` unterdrückt werden. Für die CD-Rom-Version wurde dieser Befehl in die Datei *maple.ini* geschrieben, die sich im Verzeichnis der Worksheets befindet und beim Start der Worksheets über den Link im Buch eingelesen wird.

8.1 Darstellung von Funktionen in einer Variablen

plot	
Problem	Gesucht sind die Graphen elementarer Funktionen f(x).
Befehl	**plot**(f(x), x=a..b, opt);
Parameter	*f(x):* Funktionsausdruck *x=a..b:* Bereich der Variablen *opt:* Optionale Parameter
Beispiele	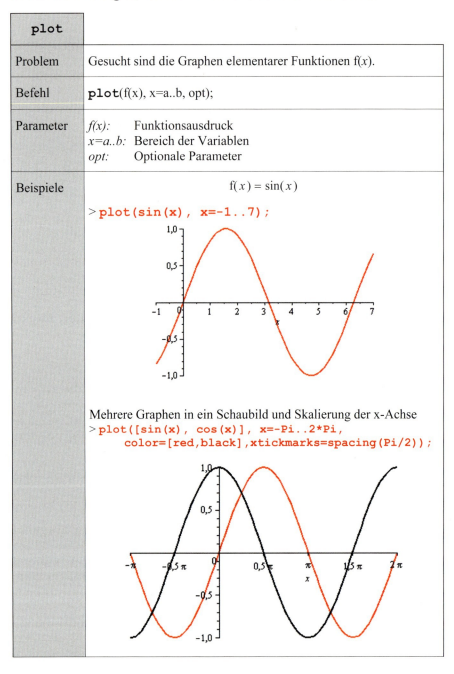

Optionale Parameter	**style** = <point ... line >: Verbindung der Punkte
	color = < black blue .. gold green gray grey .. red .. white yellow>
	coords= polar Darstellung in Polarkoordinaten
	legend= `text` Text für die Legende
	scaling=< constrained >: Maßstabsgetreue Darstellung
	numpoints=n Anzahl der Berechnungspunkten
	title= `text` Titel des Schaubildes
	thickness=n Linienstärke; n=0, 1, 2, 3, ...
	symbols=s Punktsymbole. (Standard s=point)
	view=[xmin..xmax, ymin..ymax] x-, y-Bereich für das Schaubild
	view=ymin..ymax Skalierung nur der y-Achse
	tickmarks=[n,m] Anzahl der Zwischenwerte
	                            auf der x-, y-Achse
	tickmarks=[*spacing(Pi)*, default] Abstand der Markierungen auf
	                            der x-Achse Pi, auf der y-Achse auto

Hinweise	Unter **?plot[options]** sind alle Optionen des **plot**-Befehls beschrieben. Die vielen anderen **plot**-Befehle sind im **plots**-Package enthalten und werden mit **with(plots);** aufgelistet. Um mehrere Graphen in einem Bild darzustellen, werden die Funktionen in Form einer Liste [f1, f2,...] als erstes Argument dem **plot**-Befehl übergeben. Entsprechend können dann die Parameter der plot-Optionen wie *color*, *thickness*, *legend* usw. ebenfalls als Liste unterschiedlich gewählt werden. Zur interaktiven Manipulation klickt man das Schaubild an und wählt dann Optionen der Menüleiste aus, die oben im Worksheet angezeigt werden. Alternativ klickt man mit der rechten Maustaste auf die Graphik und spezifiziert einen der angegebenen Optionen. Insbesondere werden Graphiken so in ein anderes Format exportiert oder die Legende aktiviert. Sehr umfangreich ist der interaktive **PlotBuilder**. Um ihn zu verwenden definiert man > `y:=sin(x);` klickt mit der rechten Maustaste auf die Maple-Ausgabe und folgt der Menü-Führung *Plots* → *Plot Builder* → *Options* → ... → *Plot*
Siehe auch	`plot3d, display, animate, animate3d;` → Definition von Funktionen → Darstellung einer Funktion f(x,y) in zwei Variablen → Animation einer Funktion f(x,t) → Der neue animate-Befehl.

8.2 Mehrere Schaubilder

display	
Problem	Wiedergabe von mehreren Maple-Bildern in einem Schaubild.
Befehl	**display**([p1, p2, ..., pn], insequence=true, opt);
Parameter	*p1,p2, ..., pn:* Maple-Plots *insequence*=<true, false> Animation ja/nein *opt:* Optionale plot-Parameter

Beispiel	$\sin(x)$ und $\sin(x-\frac{\pi}{4})$
	`> with(plots):`
	`> p1:=plot(sin(x),x=-1..5, color=blue):`
	`> p2:=plot(sin(x-Pi/4),x=0..7, color=red):`
	`> display([p1,p2], insequence=false);`

Hinweise	Das **plots**-Package muss vorher geladen werden. Die wichtigste Option von **display** ist *insequence*=<true, false>. Bei *insequence=false* werden alle Bilder in einem Schaubild übereinander gelegt; während bei *insequence=true* die Bilder als Einzelschaubilder in Form einer Animation ablaufen. Eine Animation kann erst gestartet werden, wenn man das Schaubild im Worksheet anklickt. Dann erscheint im Worksheet oben eine Leiste, die der eines Media-Players entspricht. Durch Klicken des Start-Buttons beginnt die Animation.
Siehe auch	**plot**, **animate**, **animate3d**; → Der neue animate-Befehl → Darstellung von Funktionen in einer Variablen → Animation einer Funktion f(x,t).

8.3 Darstellen von Kurven mit Parametern

animate	
Problem	Gesucht ist eine Darstellung der Funktion $f_k(x)$ in der Ortsvariablen x in Abhängigkeit des Parameters k.
Befehl	`animate`(y, x=a..b, k=k0..k1, opt);
Parameter	*y:* Funktionsausdruck in der Variablen *x* mit Parameter *k* *x=a..b*: Bereich der Ortsvariablen *k=k0..k1*: Bereich des Parameters *opt:* Optionale plot-Parameter

Beispiel	$f_k(x) := \sin(k\,x)$
	`> with(plots):`
	`> animate(sin(k*x),x=0..2*Pi, k=1..2);`

Hinweise	Ein wichtiger optionaler Parameter ist *frames=n*, der die Anzahl der Bilder einer Sequenz angibt. Alle anderen optionalen Parameter erhält man wie beim **plot**-Befehl über **?plot[options]**. Der **animate**-Befehl ist im **plots**-Package enthalten, das mit **with(plots);** geladen wird. Mit anschließendem **display**(%) werden alle Einzelbilder in ein Schaubild gezeichnet. Eine Animation kann erst gestartet werden, wenn man das Bild im Worksheet anklickt. Dann erscheint im Worksheet oben eine zusätzliche Symbolleiste, die der eines Media-Players entspricht. Durch Klicken des Start-Buttons beginnt die Animation.
Siehe auch	`display`, `animate3d`; → Animation einer Funktion f(x,y,t).

8.4 Ortskurven

plot	
Problem	Gesucht ist der Graph einer komplexwertigen Funktion $$f(t) = u(t) + i\,v(t)$$ in einer reellen Variablen t.
Befehl	**plot**([Re(f(t)), Im(f(t)), t=a..b], opt);
Parameter	*f(t):* Funktionsausdruck *t=a..b:* Bereich der Variablen *opt:* Optionale plot-Parameter

Beispiel	$$f(w) = -\frac{w^5}{-2w^5 + 5Iw^4 + 8w^3 - 7Iw^2 - 4w + 2}.$$
	`> f(w):=-w^5/(-2*w^5+5*I*w^4+`
	`              8*w^3-7*I*w^2-4*w+2.):`
	`> plot([Re(f(w)),Im(f(w)), w=0..4]);`
	
	[Ortskurven-Diagramm mit Re(u3) auf x-Achse (-0.4 bis 0.4) und Im(u3) auf y-Achse (0.2, 0.4, 0.6)]

Hinweise	Die imaginäre Einheit wird in Maple mit *I* bezeichnet!
Siehe auch	**plot3d**, **display**, **animate**, **animate3d**; → Darstellung von Funktionen in einer Variablen → Bode-Diagramm.

8.5 Bode-Diagramm

semilog-plot	
Problem	Gesucht ist der Graph einer komplexwertigen Funktion f(ω) in einer reellen Variablen ω in Form eines Bode-Diagramms $$20\,dB\,\log(|f(\omega)|)$$ bei logarithmischer Skalierung der ω-Achse und linearer Skalierung der *y*-Achse.
Befehl	**semilogplot**(20*log[10](abs(f(w)), w=a..b, opt);
Parameter	*f(w):* Funktionsausdruck in der Variablen *w* *w=a..b:* Bereich der Variablen *opt:* Optionale plot-Parameter

Beispiel	$$f(w) = \frac{-0.4\,I}{-0.8\,I + 3.2\,I\,w^2 + 2.28\,w - 1.6\,I\,w^4 - 2.92\,w^3 + 0.64\,w^5}$$
	`> f(w):=-.4*I/(-.8*I+3.2*I*w^2+2.28*w-1.6*I*w^4-2.92*w^3+.64*w^5):`
	`> with(plots):`
	`> semilogplot(20*log[10](abs(f(w))), w=0.1..100);`

Hinweise	Das **plots**-Package muss vorher geladen werden. Die imaginäre Einheit wird in Maple mit *I* bezeichnet! Da beim **semilogplot**-Befehl die *x*-Achse logarithmisch skaliert wird, muss die *x*-Achse im positiven Bereich gewählt werden. Die Funktion darf keine Nullstelle im darzustellenden Bereich besitzen.
Siehe auch	**plot**; → Ortskurven → Logarithmische Darstellung von Funktionen.

8.6 Logarithmische Darstellung von Funktionen

`logplot`
`semi-`
`logplot`
`loglogplot`	

Problem	Graphische Darstellung von Funktionen bei logarithmischer Skalierung der Achsen.
Befehle	`logplot`(f, x=a..b); logarithmische Skalierung der y-Achse `semilogplot`(f, x=a..b); logarithmische Skalierung von x `loglogplot`(f, x=a..b); logarithm. Skalierung von x und y
Parameter	*f:* Funktionsausdruck *x=a..b:* Bereich der x-Achse
Beispiel	$3\,e^{(4x)}$ > `with(plots):` > `logplot(3*exp(4*x), x=1..4);` [Diagramm mit y-Achse logarithmisch skaliert von .1e4 bis 1e+07, x-Achse von 1 bis 4, gerade Linie]
Hinweise	Das **plots**-Package muss vorher geladen werden. Man beachte, dass bei logarithmischer Skalierung der x-Achse die x-Werte größer Null bzw. bei logarithmischer Skalierung der y-Achse die Funktionswerte größer Null sein müssen.
Siehe auch	`writedata`, `readdata`; → Einlesen und Darstellen von Messdaten → Logarithmische Darstellung von Wertepaaren.

Kapitel 9: Graphische Darstellung von Funktionen in mehreren Variablen

Zur graphischen Darstellung von Funktionen f(x,y) in zwei Variablen verwendet man den **plot3d**-Befehl. Mit **plot3d** können auch mehrere Funktionen in ein Schaubild gezeichnet werden, wenn diese in Form einer Liste [f1, f2, ...] angegeben sind. Bis Maple8 müssen die Funktionen jedoch in Form einer Menge {f1, f2, ...} vorliegen.

Unter **?plot3d[options]** sind alle Optionen des **plot3d**-Befehls beschrieben. Die vielen anderen **plot3d**-Befehle sind im **plots**-Package enthalten, welches mit **with(plots);** geladen werden. Beim Aufruf des **plots**-Package erscheint bei manchen Maple-Versionen „Warning, the name changecoords has been redefined", die ignoriert werden kann.

Zur interaktiven Manipulation der Darstellung klickt man das Schaubild an und wählt dann Optionen der Menüleiste aus, die im Worksheet oben angezeigt werden. Zum Drehen der Graphik genügt es die rechte Maustaste gedrückt zu halten und dann zu drehen. Alternativ klickt man mit der rechten Maustaste auf die Graphik und spezifiziert eine der angegebenen Optionen. Insbesondere können Graphiken so in ein anderes Format exportiert werden.

Sehr umfangreich ist der interaktive **PlotBuilder**. Um ihn zu verwenden definiert man die zu zeichnende Funktion, z.B. mit `y:=sin(x);` klickt mit der rechten Maustaste auf die Maple-Ausgabe und folgt der Menü-Führung
Plots → Plot Builder → Options → ... → Plot

Sind mehrere 3D-Bilder p1, p2, ... definiert, können diese analog zu 2D-Bildern mit dem **display3d**-Befehl in ein Schaubild gezeichnet werden. Die wichtigste Option von **display3d** ist *insequence=<true, false>*. Bei *insequence=false* werden alle Bilder in einem Schaubild übereinander gelegt; während bei *insequence=true* die Bilder als Einzelschaubilder in Form einer Animation ablaufen.

Funktionen f(x, t) bzw. f(x,y, t) werden bis Maple8 mit **animate** bzw. **animate3d** in Form einer Animation visualisiert. Ab Maple9 gibt es eine Variante des **animate**-Befehls: Die neue Version von **animate** bietet eine größere Vielfalt an Animationsmöglichkeiten an. Sie ersetzt die bisherigen Varianten **animate** und **animate3d**, wobei die alte Syntax nachwievor erlaubt und verwendet wird.

Eine Animation kann erst gestartet werden, wenn man das Bild im Worksheet anklickt. Dann erscheint im Worksheet oben eine Leiste, die dem eines Media-Players entspricht. Durch Klicken des Start-Buttons beginnt die Animation.

9.1 Darstellung einer Funktion f(x,y) in zwei Variablen

`plot3d`	
Problem	Gesucht sind die Graphen von Funktionen in zwei Variablen.
Befehl	**plot3d**(f, x=a..b, y=c..d, opt);
Parameter	*f:* Funktionsausdruck *x=a..b:* Bereich der Variablen *x* *y=c..d:* Bereich der Variablen *y* *opt:* Optionale Parameter

Beispiele	$$f(x,y) = \frac{\sin(\sqrt{x^2+y^2})}{\sqrt{x^2+y^2}}$$
	``
	> f := sin(sqrt(x^2+y^2))/sqrt(x^2+y^2):
	> plot3d(f, x=-10..10, y=-10..10);
	``
	
	Zusätzlich zum Graphen werden durch die Option **style = patchcontour** Höhenlinien berechnet und eingezeichnet
	``
	> plot3d(f, x=-10..10, y=-10..10,
	         contours=20, style=patchcontour);
	``

Optionale Parameter	**grid**=[n,m]	Dimension des Berechnungsgitters: *n×m*
	title="t"	Titel des Schaubildes
	labels=[x,y,z]	Spezifiziert die Achsenbeschriftung
	tickmarks=[l,m,n]	Anzahl der Markierungen auf Achsen bzw. Skalierung bei *spacing*(wert)
	contours=n	Anzahl der Höhenlinien
	style=contour	Nur Höhenlinien werden gezeichnet
	scaling=<constrained, unconstrained>	Maßstabsgetreue Skalierung
	view=zmin..zmax oder [xmin..xmax,ymin..ymax,zmin..zmax]	Der darzustellende Bereich
	axes=boxed	Achsen werden gezeichnet
	thickness=<0,1,2,3, ...>	Steuerung der Liniendicke
	orientation=[phi, theta]	Blickrichtung der 3d Graphik
	style=patchnogrid	Das Gitter wird unterdrückt
	transparency=t	„Durchsichtigkeit" der Darstellung; t liegt zwischen 0.0 und 1.0
Hinweise	Unter **?plot3d[options]** sind alle Optionen des **plot3d**-Befehls beschrieben. Die vielen anderen **plot3d**-Befehle sind im **plots**-Package enthalten, das mit **with(plots);** gestartet wird. Mit dem **plot3d**-Befehl werden mehrere Funktionen in ein Schaubild gezeichnet, wenn diese in Form einer Liste [f1, f2, ...] angegeben werden. Zur graphischen Manipulation klickt man das Schaubild an und wählt dann Optionen der Menüleiste aus, die Worksheet oben angezeigt werden. Zum Drehen der Graphik genügt es, die rechte Maustaste gedrückt zu halten und dann zu drehen. Alternativ klickt man mit der rechten Maustaste auf die Graphik und spezifiziert eine der angegebenen Optionen.	
Siehe auch	`plot`, `densityplot`, `gradplot`, `fieldplot`, `display`, `animate`, `animate3d`; → Mehrere Schaubilder → Darstellung von Funktionen in einer Variablen.	

9.2 Animation einer Funktion f(x,t)

animate	
Problem	Gesucht ist die Animation einer Funktion f(x,t) in einer Ortsvariablen *x* und der Zeitvariablen *t*.
Befehl	**animate**(f(x,t), x=a..b, t=t0..t1, opt);
Parameter	*f(x, t):* Funktionsausdruck *x=a..b:* Bereich der Ortsvariablen *t=t0..t1:* Bereich der Zeitvariablen *t* *opt:* Optionale plot-Parameter

Beispiel	$f(x, t) = \sin(x - t)$
	`> with(plots):`
	`> animate(sin(x-t),x=0..2*Pi, t=0..2*Pi);`

Hinweise	Ein wichtiger optionaler Parameter ist *frames=n*, der die Anzahl der Bilder einer Sequenz angibt. Alle optionalen Parameter erhält man wie beim **plot**-Befehl über **?plot[options]**. Der **animate**-Befehl ist im **plots**-Package enthalten, das mit **with(plots);** geladen wird. Mit anschließendem **display**(%) werden alle Einzelbilder in ein Schaubild gezeichnet. Eine Animation kann erst gestartet werden, wenn man das Bild im Worksheet anklickt. Dann erscheint eine zusätzliche Symbolleiste am Worksheet, die der eines Media-Players entspricht. Durch Klicken des Start-Buttons beginnt die Animation.
Siehe auch	`display`, `animate3d`; → Der neue animate-Befehl.

9.3 Animation einer Funktion f(x,y,t)

animate3d	
Problem	Gesucht ist die Animation einer Funktion f(x,y, t) in zwei Ortsvariablen x, y und der Zeitvariablen t.
Befehl	**animate3d**(f, x=a..b, y=c..d, t=t0..t1, opt);
Parameter	*f:* Funktionsausdruck *x=a..b:* Bereich der Ortsvariablen *x* *y=c..d:* Bereich der Ortsvariablen *y* *t=t0..t1:* Bereich der Zeitvariablen *t* *opt:* Optionale plot3d-Parameter

Beispiel	$$f(x, y, t) = \frac{\sin(\sqrt{x^2 + y^2} - t)}{\sqrt{x^2 + y^2 + 1}}$$
	`> with(plots):`
	`> f:=1/sqrt(x^2+y^2+1)*sin(sqrt(x^2+y^2)-t):`
	`> animate3d(f, x=-3*Pi..3*Pi, y=-3*Pi..3*Pi,`
	`           t=0..2*Pi);`

Hinweise	Ein wichtiger optionaler Parameter ist *frames=n*, der die Anzahl der Bilder einer Sequenz angibt. Alle optionalen Parameter erhält man wie beim **plot3d**-Befehl über **?plot3d[options]**. Der **animate3d**-Befehl ist im **plots**-Package enthalten, das mit **with(plots);** geladen wird. Eine Animation kann erst gestartet werden, wenn man das Bild im Worksheet anklickt. Dann erscheint eine zusätzliche Symbolleiste am Worksheet, die der eines Media-Players entspricht. Durch Klicken des Start-Buttons beginnt die Animation.
Siehe auch	**display**, **animate**; → Der neue animate-Befehl.

9.4 Der neue animate-Befehl

animate	
Problem	Gesucht ist die Animation einer Funktion bezüglich der Zeitvariablen t.
Befehl	**animate**(**plot**, [f(x, t), x=a..b], t=t0..t1, opt); **animate**(**plot3d**, [f(x,y, t), x=a..b,y=c..d], t=t0..t1, opt);
Parameter	*f(x, t) bzw. f(x,y,t):* Funktionsausdruck *x=a..b:* Bereich der Ortsvariablen x *y=c..d:* Bereich der Ortsvariablen y *t=t0..t1:* Bereich der Zeitvariablen t *opt:* Optionale plot-Parameter

Beispiele	$f(x) = \sin(2\pi x)$ für $x=0..t$ und variablem $t=0.2..1$
	
	`> with(plots):`
	`> animate(plot, [sin(2*Pi*x), x=0..t],`
	`                    t=0.2..1, frames=16);`
	
	Potential einer stehenden und einer zweiten, bewegten Punktladung
	`> f:=(x,y) -> 1/sqrt(x^2+y^2):`
	
	`> animate(plot3d,`
	`     [f(x,y)+f(x-t,y-5),x=-12..12,y=-12..12],`
	`     t=-18..18, frames=6, view=0..1,`
	`     style=patchcontour, axes=boxed);`

	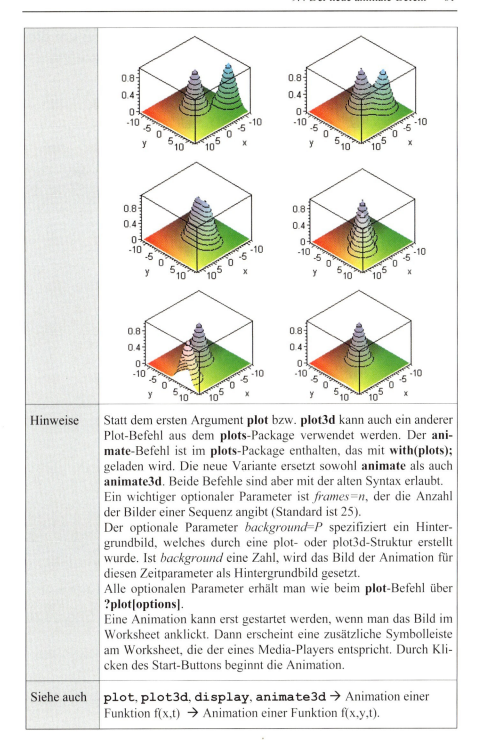
Hinweise	Statt dem ersten Argument **plot** bzw. **plot3d** kann auch ein anderer Plot-Befehl aus dem **plots**-Package verwendet werden. Der **animate**-Befehl ist im **plots**-Package enthalten, das mit **with(plots);** geladen wird. Die neue Variante ersetzt sowohl **animate** als auch **animate3d**. Beide Befehle sind aber mit der alten Syntax erlaubt. Ein wichtiger optionaler Parameter ist *frames=n*, der die Anzahl der Bilder einer Sequenz angibt (Standard ist 25). Der optionale Parameter *background=P* spezifiziert ein Hintergrundbild, welches durch eine plot- oder plot3d-Struktur erstellt wurde. Ist *background* eine Zahl, wird das Bild der Animation für diesen Zeitparameter als Hintergrundbild gesetzt. Alle optionalen Parameter erhält man wie beim **plot**-Befehl über **?plot[options]**. Eine Animation kann erst gestartet werden, wenn man das Bild im Worksheet anklickt. Dann erscheint eine zusätzliche Symbolleiste am Worksheet, die der eines Media-Players entspricht. Durch Klicken des Start-Buttons beginnt die Animation.
Siehe auch	`plot`, `plot3d`, `display`, `animate3d` → Animation einer Funktion f(x,t) → Animation einer Funktion f(x,y,t).

9.5 Darstellung von Rotationskörpern bei Rotation um die x-Achse

plot3d	
Problem	Gesucht ist die graphische Darstellung von Rotationskörpern bei Rotation eines Funktionsgraphen f(x) um die *x*-Achse.
Befehl	**plot3d**([x, f(x)*cos(t), f(x)*sin(t)], x=a..b, t=0..2*Pi, opt);
Parameter	*f(x):* Funktionsausdruck *x=a..b:* Bereich der Variablen *x* *opt:* Optionale Parameter des plot3d-Befehls

Beispiel	$$f(x) = x^2$$ `> f(x) := x^2:`
	`> plot3d([x,f(x)*cos(t),f(x)*sin(t)], x=0..2,`
	`            t=0..2*Pi, orientation=[-74,83],`
	`            style=patchnogrid);`

Hinweise	Wichtige optionale Parameter sind: *orientation*=[phi, theta] gibt die Blickrichtung der 3d Graphik an, *style*=patchnogrid unterdrückt das Gitter.
Siehe auch	**plot3d[options]**; → Darstellung von Rotationskörpern bei Rotation um die *y-Achse* → Mantelfläche und Volumen von Rotationskörper bei *x*-Achsenrotation.

9.6 Darstellung von Rotationskörpern bei Rotation um die y-Achse

`plot3d`	
Problem	Gesucht ist die graphische Darstellung von Rotationskörpern bei Rotation eines Funktionsgraphen f(x) um die *y*-Achse.
Befehl	**plot3d**([x, f(x)*cos(t), f(x)*sin(t)], x=a..b, t=0..2*Pi, opt);
Parameter	*f(x)*: Funktionsausdruck *x=a..b*: Bereich der Variablen *x* *opt*: Optionale Parameter des plot3d-Befehls

Beispiel	$$f(x) = x^2$$ `> f(x) := x^2:`
	`> plot3d([x*cos(t),x*sin(t),f(x)], x=0..2,`
	`            t=0..2*Pi, orientation=[-67,48],`
	`            scaling=constrained);`

Hinweise	Wichtige optionale Parameter sind: *orientation*=[phi, theta] gibt die Blickrichtung der 3d Graphik an, *style*=patchnogrid unterdrückt das Gitter.
Siehe auch	`plot3d[options];` → Darstellung von Rotationskörpern bei Rotation um die *x-Achse* → Mantelfläche und Volumen von Rotationskörper bei *y*-Achsenrotation.

Kapitel 10: Einlesen, Darstellen und Analysieren von Messdaten

Mit **readdata** werden Daten aus einer Textdatei zeilenweise in ein Worksheet eingelesen. Dabei müssen als Parameter nur der Dateiname und die Anzahl k der Spalten der Datei spezifiziert werden. Das Ergebnis ist dann eine Liste L

```
> L:=readdata(`pfad\\dateiname`, k):
```

Werden mehr als eine Spalte eingelesen, müssen die Daten durch Leerzeichen getrennt vorliegen; sie dürfen nicht durch Kommas getrennt sein. Es kann mit lokalen Pfadnamen gearbeitet werden. Es empfiehlt sich dann, Maple mit Doppelklick auf das entsprechende Worksheet zu starten, da in diesem Fall der Pfad auf das aktuelle Verzeichnis gesetzt ist. Auf dieses Verzeichnis beziehen sich die lokalen Pfadangaben im Worksheet. Mit **currentdir**() wird im Worksheet das aktuelle Verzeichnis bestimmt.

Sind in der Datei n Werte bezüglich einer Größe x_i ($i=1,..., n$) in n Zeilen abgespeichert, erhält man mit **listplot** eine zweidimensionale graphische Darstellung der Daten, indem die Liste der x_i als y-Werte und i als x-Werte interpretiert werden, d.h. es werden die Paare $(1, x_1), ..., (n, x_n)$ gezeichnet. Mit **mean** bzw. **variance** werden der arithmetische Mittelwert bzw. die Varianz der Werte bestimmt. Beide Befehle befinden sich im **stats**-Package.

Werden die Daten aus einer zweispaltigen Datei eingelesen ($k=2$), besteht die Liste L aus Wertepaaren $[x_i, y_i]$. Diese werden nach dem Einlesen mit dem **plot**-Befehl graphisch dargestellt. Zur logarithmischen Skalierung der Achsen werden die Befehle **logplot**, **semilogplot**, **loglogplot** verwendet. Bei logarithmischer Skalierung ist zu beachten, dass die x- bzw. y-Werte jeweils größer Null sind.

interp bestimmt zu n Wertepaaren das Interpolationspolynom vom Grade $\leq n - 1$, **spline** das Spline-Interpolationspolynom, **leastsquare** berechnet eine Ausgleichsfunktion und **linearcorrelation** den Korrelationskoeffizienten. Durch die Berechnung der Korrelationskoeffizienten erhält man einen Hinweis darüber, ob den Daten eine Regressionsgerade zugrunde liegt. Diese Befehle können allerdings nicht direkt auf die eingelesene Liste L angewendet werden, da sie als Eingabeparameter separat eine Liste aller x-Werte und eine Liste aller zugehörigen y-Werte fordern. Diese beiden getrennten Listen erstellt man z.B. durch

```
> L:=readdata(`pfad\\dateiname`,2):
> xdata:=[seq(L[i][1], i=1..nops(L))]:
> ydata:=[seq(L[i][2], i=1..nops(L))]:
```

Dabei nutzt man aus, dass $L[i]$ die i-te Zeile enthält und daher $L[i][1]$ dem x-Wert und $L[i][2]$ dem zugehörigen y-Wert des i-ten Wertepaares entspricht.

10.1 Einlesen und Darstellen von Messdaten

readdata	
Problem	Einlesen von Daten aus einer ASCII-Datei, die aus **2** Spalten mit Wertepaaren besteht.
Befehl	**readdata**(`dateipfad\\datei.ext`, **2**);
Parameter	`...`: Dateiname mit Pfadangabe, durch \\ jeweils getrennt 2: Die Datei besteht aus zwei Spalten

Beispiel	Einlesen einer zweispaltigen Liste aus der Datei *temp/daten.txt*
	`> L:=readdata(`c:\\temp\\daten.txt`,2):`
	`> plot(L, style=point);`
	
	[Streudiagramm: x-Achse 0–6, y-Achse 0–40, ansteigende Punktwolke]

Hinweise	Mit **nops**(liste); wird die Anzahl der Wertepaare bestimmt. Unterdrückt man die plot-Option *style=point*, werden die Wertepaare linear verbunden. Mit `> L:=readdata(`pfad\\dateiname`, k):` wird eine Datei bestehend aus *k* Spalten eingelesen. Die Spalten müssen durch Leerzeichen getrennt vorliegen; sie dürfen nicht durch Kommas getrennt sein. Statt der Darstellung der Daten über den **plot**-Befehl können auch direkt die Befehle **logplot**, **semilogplot** bzw. **loglogplot** aus dem **plots**-Package verwendet werden.
Siehe auch	`writedata`, `nops`, `plot`, `logplot`, `semilogplot`, `loglogplot`; → Logarithmische Darstellung von Wertepaaren.

10.2 Logarithmische Darstellung von Wertepaaren

`logplot`
`semi-`
`logplot`
`loglogplot`	

Problem	Graphische Darstellung von Messdaten bei logarithmischer Skalierung der Achsen.
Befehle	`logplot`(liste); logarithmische Skalierung der *y*-Achse `semilogplot`(liste); logarithmische Skalierung der *x*-Achse `loglogplot`(liste); logarithm. Skalierung der *x*- und *y*-Achse
Parameter	*liste:* Liste von Daten der Form [[x1,y1], ..., [xn,yn]].
Beispiel	> `with(plots):` > `liste:=[ [1,1], [3,9], [5,25], [10,100]]:` > `logplot(liste);` *(Graph mit logarithmischer y-Achse von 1 bis .1e3 und linearer x-Achse von 2 bis 10)*
Hinweise	Der **logplot**-Befehl ist im **plots**-Package enthalten, welches mit **with(plots)** geladen wird. Die dabei auftretende Warnung „Warning, the name changecoords has been redefined" kann ignoriert werden. Es ist zu beachten, dass die *x*- bzw. *y*-Werte je nach Skalierung der Achsen größer Null sein müssen. Die Liste der Wertepaare kann auch mit dem **readdata**-Befehl > `liste:=readdata(`pfad\\dateiname`,2):` aus einer zweispaltigen Datei eingelesen werden.
Siehe auch	`writedata`, `readdata`; → Einlesen und Darstellen von Messdaten.

10.3 Berechnung des arithmetischen Mittelwertes

`mean`	
Problem	Gesucht ist der arithmetische Mittelwert $\bar{x}$ von n gegebenen Werten x_i ($i=1...n$): $\quad \bar{x} = \dfrac{1}{n} \sum_{i=1}^{n} x_i$
Befehl	**mean**(werte);
Parameter	*werte*: Liste von Daten in der Form [x1, x2, ..., xn]
Beispiel	>`werte:=[0.1, 0.2, 0.25, 0.3, 0.4];` >`with(stats,describe):` >`describe[mean](werte);` $\qquad\qquad\qquad$ 0.2500000000
Hinweise	Die Daten können mit **readdata**(`c:\\temp\\daten.txt`, 1) zeilenweise aus der Datei *temp\daten.txt* eingelesen werden. Mit **nops**(*werte*) wird die Anzahl dieser Werte bestimmt.
Siehe auch	**variance**, **nops**, **readdata**; → Berechnung der Varianz.

10.4 Berechnung der Varianz

`variance`	
Problem	Gesucht ist die Varianz s^2 von n gegebenen Werten x_i ($i=1...n$): $$s^2 = \dfrac{1}{n-1} \sum_{i=1}^{n} (x_i - \bar{x})^2 \text{, wenn } \bar{x} = \dfrac{1}{n} \sum_{i=1}^{n} x_i$$
Befehl	**variance**(werte);
Parameter	*werte*: Liste von Daten in der Form [x1, x2, ..., xn]
Beispiel	>`werte:=[0.1, 0.2, 0.25, 0.3, 0.4];` >`with(stats,describe):` >`s^2=describe[variance](werte);` $\qquad\qquad\qquad s^2 = 0.01000000000$
Hinweise	Die Größe *s* heißt die empirische Standardabweichung. Die Daten können mit **readdata** zeilenweise eingelesen werden.
Siehe auch	**mean**, **nops**, **readdata**.

10.5 Interpolationspolynom

interp	
Problem	Gegeben sind n verschiedene Wertepaare (x_1, y_1), ..., (x_n, y_n). Gesucht ist das Polynom p(x) vom Grade $\leq n-1$, welches durch die vorgegebenen Paare geht: p(x_i) = y_i für $i=1...n$
Befehl	`interp(xdata, ydata, x);`
Parameter	*xdata:* Liste aller *x*-Werte *ydata:* Liste aller *y*-Werte *x:* Variable des Interpolationspolynoms

Beispiel	Gesucht ist das Interpolationspolynom durch die Paare
	(0, -12), (2, 16), (5, 28), (7, -54)
	`> xdata:=[0, 2, 5, 7]:`
	`> ydata:=[-12, 16, 28, -54]:`
	`> p(x):=interp(xdata, ydata, x);`
	$$p(x) := -x^3 + 5x^2 + 8x - 12$$
	Darstellung der Regressionsgeraden mit den Wertepaaren
	`> p1:=plot([seq([xdata[i],ydata[i]],`
	`                i=1..nops(xdata))], style=point):`
	`> p2:=plot(p(x),x=min(op(xdata))-1`
	`                ..max(op(xdata))+1, color=black):`
	`> with(plots): display(p1,p2);`

Hinweise	Die Daten können auch mit
	`> L:=readdata(`pfad\\dateiname`,2):`
	aus einer zweispaltigen Datei eingelesen werden. *xdata* und *ydata* ergeben sich dann aus
	`> xdata:=[seq(L[i][1], i=1..nops(L))]:`
	`> ydata:=[seq(L[i][2], i=1..nops(L))]:`

Siehe auch	`spline`, `leastsquare`; → Kubische Spline-Interpolation → Ausgleichsfunktion → Einlesen und Darstellen von Messdaten.

10.6 Kubische Spline-Interpolation

	spline
Problem	Gegeben sind n verschiedene Wertepaare (x_1, y_1), ..., (x_n, y_n). Gesucht ist eine stückweise zusammengesetzte Polynomfunktion $S(x)$, welche die Wertepaare verbindet: $\quad S(x_i) = y_i$ für $i = 1..n$. Für die kubischen Splines beträgt der Grad der Teilfunktionen 3.
Befehl	`spline`(xdata, ydata, x);
Parameter	*xdata:* Liste aller *x*-Werte *ydata:* Liste aller *y*-Werte *x:* Variable der Spline-Funktion

Beispiel	Gesucht ist die kubische Spline-Funktion durch die Paare
	$\quad\quad$ (1, 1), (4, 3), (5, 2), (6, 4), (9, 1):
	`> xdata:=[1, 4, 5, 6, 9]:`
	`> ydata:=[1, 3, 2, 4, 1]:`
	`> s(x):=spline(xdata,ydata,x, cubic);`[2]
	Darstellung des Splines zusammen mit den vorgegebenen Werten
	`> p1:=plot([seq([xdata[i],ydata[i]],`
	`            i=1..nops(xdata))], style=point):`
	`> p2:=plot(s(x),x=min(op(xdata))-1`
	`            ..max(op(xdata))+1, color=black):`
	`> with(plots): display(p1,p2);`

Hinweise	Als optionale Parameter von **spline** sind erlaubt <linear, quadratic, cubic, quartic>, je nachdem ob ein lineares, quadratisches, kubisches Polynom oder ein Polynom vom Grade 4 als Teilpolynom gewählt wird. Die Daten können auch eingelesen werden (siehe Hinweis zu 10.5).
Siehe auch	`interp`, `leastsquare`, `display`; → Interpolationspolynom → Ausgleichsfunktion → Einlesen und Darstellen von Messdaten.

---

[2] Auf die Ausgabe im Buch wird aus Platzgründen verzichtet.

10.7 Korrelationskoeffizient

describe	
Problem	Gegeben sind n verschiedene Wertepaare $(x_1, y_1), (x_2, y_2), ..., (x_n, y_n)$. Gesucht ist der Korrelationskoeffizient $$r = \frac{\sum_{i=1}^{n}(x_i - x_m)(y_i - y_m)}{\left(\sum_{i=1}^{n}(x_i - x_m)^2\right)\left(\sum_{i=1}^{n}(y_i - y_m)^2\right)}$$ wenn $x_m = \frac{1}{n}\sum_{i=1}^{n}x_i$ und $y_m = \frac{1}{n}\sum_{i=1}^{n}y_i$. Ist $r \approx \pm 1$, dann liegen die Wertepaare nahe einer Regressionsgeraden.
Befehl	**describe**[linearcorrelation] (xdata,ydata);
Parameter	*xdata:* Liste aller *x*-Werte *ydata:* Liste aller *y*-Werte

Beispiel	Liegen die Paare (1, 1), (1.2, 1), (2, 1.9), (3, 2), (3.4, 2.4), (4, 3) auf einer Regressionsgeraden?
	`> xdata:=[1, 1.2, 2, 3, 3.4, 4]:`
	`> ydata:=[1, 1.0, 1.9, 2, 2.4, 3]:`
	`> with(stats):`
	`> describe[linearcorrelation](xdata,ydata);`
	　　　　　　0.9706824970
	Da der Korrelationskoeffizient nahe 1 ist, liegt den Wertepaaren vermutlich eine Gerade zugrunde.

Hinweise	Die Daten können auch mit **readdata** aus einer Datei eingelesen werden (siehe Hinweis zu 10.5).
Siehe auch	`interp`, `spline`, `leastsquare`; → Interpolationspolynom → Ausgleichsfunktion → Einlesen und Darstellen von Messdaten.

10.8 Ausgleichsfunktion

leastsquare	
Problem	Gegeben sind n Wertepaare (x_1, y_1), (x_2, y_2), ..., (x_n, y_n). Gesucht ist eine Funktion f(x), welche die kleinsten Abstandsquadrate zu den vorgegebenen Paaren besitzt. $$\sum_{i=1}^{n} (f(x_i) - y_i)^2 = min$$
Befehl	`leastsquare[ [x,y], y=f(x), {para}] ([xdata,ydata]);`
Parameter	*[x, y]:* *x:* Unabhängige Variable der Ausgleichsfunktion *y:* Name der Ausgleichsfunktion *f(x):* Ausgleichsfunktion mit Variablen *x* und Parametern *para* *{para}* Menge der Parameter *xdata:* Liste aller *x*-Werte *ydata:* Liste aller *y*-Werte

Beispiel	Gesucht ist die Regressionsgerade durch die Paare
	    (1, 1), (1.2, 1), (2, 1.9), (3, 2), (3.4, 2.4), (4, 3)
	
	`> xdata:=[1, 1.2, 2, 3, 3.4, 4]:`
	`> ydata:=[1, 1.0, 1.9, 2, 2.4, 3]:`
	`> with(stats): with(fit):`
	`> leastsquare[ [x,y], y=a*x+b, {a,b}]`
	                           `([xdata,ydata]);`
	$$y = 0.6239964318\,x + 0.3649420161$$
	Graphische Darstellung der Regressionsgeraden zusammen mit den vorgegebenen Werten
	`> assign(%):`
	`> p1:=plot([seq([xdata[i],ydata[i]],`
	        `i=1..nops(xdata))], style=point):`
	`> p2:=plot(y, x=min(op(xdata))-1`
	        `..max(op(xdata))+1, color=black):`
	`> with(plots): display(p1,p2);`

	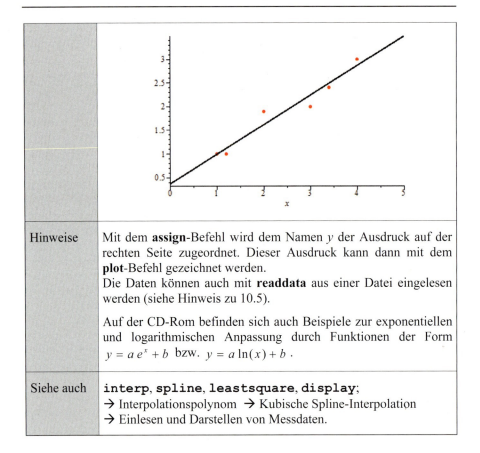
Hinweise	Mit dem **assign**-Befehl wird dem Namen y der Ausdruck auf der rechten Seite zugeordnet. Dieser Ausdruck kann dann mit dem **plot**-Befehl gezeichnet werden. Die Daten können auch mit **readdata** aus einer Datei eingelesen werden (siehe Hinweis zu 10.5). Auf der CD-Rom befinden sich auch Beispiele zur exponentiellen und logarithmischen Anpassung durch Funktionen der Form $y = a\,e^x + b$ bzw. $y = a \ln(x) + b$.
Siehe auch	`interp`, `spline`, `leastsquare`, `display`; → Interpolationspolynom → Kubische Spline-Interpolation → Einlesen und Darstellen von Messdaten.

Kapitel 11: Funktionen in einer Variablen

Für Funktionen in einer Variablen werden folgende elementaren Probleme gelöst: Die Nullstellen von Funktionen erhält man über den **solve**- bzw. **fsolve**-Befehl, die Linearfaktorenzerlegung erfolgt mit **factor** und eine Partialbruchzerlegung von gebrochenrationalen Funktionen mit **convert**. Die Bestimmung von Extremwerten, Wendepunkte und Asymptoten ist im Abschnitt über die Kurvendiskussion zusammengefasst. Das Lösen der Einzelprobleme erfolgt hierbei im Wesentlichen durch **solve**, **diff**, **simplify** sowie **plot**. Speziell für die Entwicklung einer Funktion in ein Taylor-Polynom benötigt man den **taylor**-Befehl.

11.1 Bestimmung von Nullstellen

`fsolve`	
Problem	Gesucht sind Näherungen für die Nullstellen einer Funktion f(x): $f(x)=0$
Befehl	`fsolve( f(x)=0, x);`
Parameter	*f(x):* Funktionsausdruck *x:* Variable der Funktion

Beispiel	$$\sqrt{x} - 4\,x^2 = 0$$
	`> f(x) := sqrt(x) - 4*x^2 :`
	`> fsolve(f(x)=0, x);`
	               0.
	`> fsolve(f(x)=0, x, x=0.1..2);`
	               0.3968502630

Optionale Parameter	> fsolve(f(x)=0, x, x=x0..x1); *x=x0..x1* gibt das Intervall an, in dem eine Nullstelle näherungsweise berechnet wird. > fsolve(f(x)=0, x, *complex*); berechnet auch komplexe Lösungen.
Hinweise	Ist f(x) ein Polynom vom Grade *n*, dann werden mit der Option *complex* alle Nullstellen (sowohl reelle als auch komplexe) des Polynoms f(x) näherungsweise bestimmt.
Siehe auch	`solve`; → Näherungsweises Lösen einer Gleichung.

11.2 Linearfaktorzerlegung von Polynomen

factor	
Problem	Gesucht ist eine Zerlegung des Polynoms f(x) in Linearfaktoren: $f(x) = a_n x^n + a_{n-1} x^{n-1} + ... + a_1 x + a_0$ $= a_n (x - x_1)(x - x_2)...(x - x_n)$
Befehl	**factor**(f(x));
Parameter	*f(x):* Polynom vom Grade *n*

Beispiele	$f(x) = 7x^6 - 17x^5 + 20x^4 - 20x^3 + 13x^2 - 3x$
	`> f(x):= 7*x^6 -17*x^5 +20*x^4`
	`                  -20*x^3 +13*x^2 -3*x:`
	`> factor(f(x));`
	$x(7x - 3)(x^2 + 1)(x - 1)^2$
	`> factor(f(x), complex);`
	$7. (x + 1. I) x (x - 1. I) (x - .4285714286) (x - 1.)^2$
	
	`> factor(x^4-2, sqrt(2));` $\quad \dfrac{x^4 - 2}{(x^2 + \sqrt{2})(x^2 - \sqrt{2})}$

Hinweise	Der **factor**-Befehl liefert falls möglich ganzzahlige Nullstellen und stellt das Polynom in den Linearfaktoren dar. Mit der Option *complex* werden auch die komplexen Nullstellen näherungsweise bestimmt und man erhält eine vollständige Zerlegung in Linearfaktoren. Das Polynom x^4 - 2 besitzt keine ganzzahligen Nullstellen. Mit der zusätzliche Option *sqrt(2)* erhält man aber eine Faktorisierung über $\sqrt{2}$.
Siehe auch	**fsolve**.

11.3 Partialbruchzerlegung gebrochenrationaler Funktionen

convert parfrac	
Problem	Partialbruchzerlegung der gebrochenrationalen Funktion $$f(x) = \frac{a_n x^n + a_{n-1} x^{n-1} + \ldots + a_1 x + a_0}{b_m x^m + b_{m-1} x^{m-1} + \ldots + b_1 x + b_0}$$
Befehl	**convert**(f(x), **parfrac**, x);
Parameter	*f(x):* Gebrochenrationale Funktion *x:* Unabhängige Variable der Funktion

Beispiele	$$f(x) = \frac{x^6 - 2x^5 + x^4 + 4x + 1}{x^4 - 2x^3 + 2x - 1}$$
	`> f(x):=(x^6-2*x^5+x^4+4*x+1) / (x^4-2*x^3+2*x-1):`
	`> convert(f(x), parfrac, x);`
	$$x^2 + 1 - \frac{1}{8(x+1)} + \frac{1}{8(x-1)} + \frac{5}{2(x-1)^3} + \frac{3}{4(x-1)^2}$$
	
	$$f(x) = \frac{1}{x^2 - 2}$$
	`> f(x):=1/(x^2-2);`
	`> convert(f(x), parfrac,x, 2^(1/2));`
	$$-\frac{\sqrt{2}}{4(x+\sqrt{2})} + \frac{\sqrt{2}}{4(x-\sqrt{2})}$$

Optionale Parameter	> **convert**(f(x), parfrac, x, *K*); Ist K die *k*-te Wurzel einer positiven gebrochenrationalen Zahl, wird mit diesem Wurzelausdruck faktorisiert. > convert(f(x), parfrac, x, *real*); Es erfolgt eine Zerlegung über den reellen float-Zahlen. > **convert**(f(x), parfrac, x, *complex*); Es erfolgt eine Zerlegung über den komplexen float-Zahlen.
Hinweise	-
Siehe auch	**fsolve**, **factor**.

11.4 Asymptotisches Verhalten

asympt	
Problem	Gesucht ist das asymptotische Verhalten gebrochenrationaler Funktionen $$f(x) = \frac{a_n x^n + a_{n-1} x^{n-1} + \ldots + a_1 x + a_0}{b_m x^m + b_{m-1} x^{m-1} + \ldots + b_1 x + b_0}$$
Befehl	`asympt`(f(x), x, n);
Parameter	*f(x):* Gebrochenrationale Funktion *x:* Unabhängige Variable der Funktion *n:* Entwicklung nach Termen $\frac{1}{x}$ bis $\left(\frac{1}{x}\right)^n$

Beispiel	$$f(x) = \frac{x^3 - 2x^2 + x + 1}{3x^2 + 3x + 1}$$
	`> f(x):=(x^3-2*x^2+x+1) / (3*x^2+3*x^1+1):`
	`> asympt(f(x), x, 1);`
	$$\frac{1}{3}x - 1 + O\left(\frac{1}{x}\right)$$
	`> p:=convert(%,polynom);`
	$$p := \frac{1}{3}x - 1$$
	`> plot([f(x), p], x=-10..10, -4..3,`
	`      color=[red, black], thickness=[1,2]);`

Hinweise	Mit **convert** konvertiert man das Ergebnis von **asympt** in ein Polynom, welches man dann zusammen mit der Funktion mit dem **plot**-Befehl in einem Schaubild darstellt.
Siehe auch	**convert**, **plot**; → Kurvendiskussion.

11.5 Kurvendiskussion

Problem	Kurvendiskussion einer Funktion f(x) in einer Variablen x (1) Graph der Funktion (2) Symmetrie (3) Nullstellen (4) Lokale Extrema (5) Wendepunkte (6) Verhalten im Unendlichen
Befehl	Maple-Befehlsfolge
Parameter	*f(x):* Ausdruck in der Variablen x *x:* Unabhängige Variable

Beispiel	$$f(x) = \frac{x}{\sqrt{x^4 + 2}}$$
	
	`> f:=x -> x/sqrt(x^4+2):`
	
	(1) Funktionsgraph: **plot**-Befehl
	`> plot(f(x), x=-10..10);`
	
	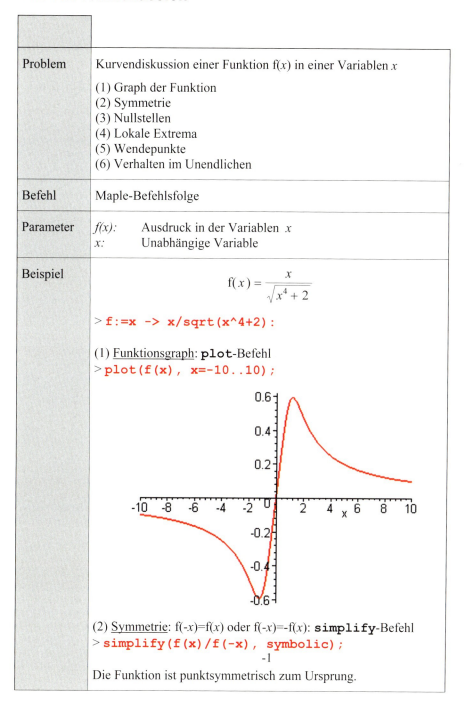
	
	(2) Symmetrie: f(-x)=f(x) oder f(-x)=-f(x): **simplify**-Befehl
	`> simplify(f(x)/f(-x), symbolic);`
	$\qquad\qquad -1$
	Die Funktion ist punktsymmetrisch zum Ursprung.

(3) Nullstellen: **solve**-Befehl
```
> solve(f(x)=0,x);
```
$$0$$

(4) Lokale Extrema: $f'(x) = 0$ und $f''(x) \neq 0$:
Bestimmung der relevanten Ableitungen mit dem **diff**-Befehl.
```
> fs:=simplify(diff(f(x), x));
> fss:=simplify(diff(f(x), x$2));
> fsss:=simplify(diff(f(x), x$3));
```
$$fs := -\frac{x^4 - 2}{(x^4 + 2)^{(3/2)}}$$
$$fss := 2\frac{x^3(x^4 - 10)}{(x^4 + 2)^{(5/2)}}$$
$$fsss := -6\frac{x^2(x^8 - 28x^4 + 20)}{(x^4 + 2)^{(7/2)}}$$

Extrema: Nullstellen der ersten Ableitung: **solve**-Befehl
```
> e:=[solve(fs=0,x)];
```
$$e := [2^{(1/4)}, I\,2^{(1/4)}, -2^{(1/4)}, -I\,2^{(1/4)}]$$

```
> evalf(e);
```
$$[1.189207115, 1.189207115\,I, -1.189207115, -1.189207115\,I]$$

Es gibt 2 reelle Kandidaten für lokale Extremwerte e[1] und e[3]. Ob diese Kandidaten auch Extremwerte darstellen, entscheidet die zweite Ableitung
```
> subs(x=e[1],fss);
> evalf(%);
```
$$-\frac{1}{4}2^{(3/4)}\sqrt{4}$$
$$-0.8408964155$$

Da die zweite Ableitung negativ ist, liegt hier ein lokales Maximum vor. Der Funktionswert ist
```
> evalf(f(e[1]));
```
$$0.5946035575$$

```
> subs(x=e[3],fss);
> evalf(%);
```
$$\frac{1}{4}2^{(3/4)}\sqrt{4}$$
$$-0.8408964155$$

Da die zweite Ableitung positiv, liegt hier ein lokales Minimum vor.

(5) <u>Wendepunkte</u>: $f''(x) = 0$ und $f'''(x) \neq 0$:

```
> w:=[solve(fss=0,x)];
```
$$w := [0, 10^{(1/4)}, I\,10^{(1/4)}, -10^{(1/4)}, -I\,10^{(1/4)}]$$

```
> evalf(w);
```
$$w := [0, 1.778279410, 1.778279410\,I, -1.778279410, -1.778279410\,I]$$

Es gibt 3 reelle Kandidaten für Wendepunkte w[1], w[2] und w[4]. Ob diese Kandidaten auch Wendepunkte darstellen, entscheidet die dritte Ableitung

```
> subs(x=w[1],fsss):evalf(%);
```
$$0.$$

Da die dritte Ableitung Null, liegt für den Wert $x=0$ kein Wendepunkt vor. In Frage kommen nun noch die Werte 1.778279410

```
> subs(x=w[2],fsss);evalf(%);
```
$$-\frac{5}{108}\sqrt{10}\sqrt{12}$$
$$-0.5071505162$$

bzw. -1.778279410:

```
> subs(x=w[4],fsss);evalf(%);
```
$$\frac{5}{108}\sqrt{10}\sqrt{12}$$
$$0.5071505162$$

Bei den Werten w[2] und w[4] handelt es sich also um Wendepunkte.

(6) <u>Asymptotisches Verhalten</u>: Das asymptotische Verhalten bestimmt man mit dem **asympt**-Befehl

```
> asympt(f(x), x, 1);
```
$$\frac{1}{x} + O\!\left(\frac{1}{x^5}\right)$$

Hinweise	Falls der **solve**-Befehl keine befriedigenden Ergebnisse liefert, sollte der **fsolve**-Befehl verwendet werden, der eine Näherungslösung der Nullstellen bestimmt. Mit **simplify** werden die Ausdrücke vereinfacht.
Siehe auch	**subs, fsolve, asympt, simplify**; → Lösen einer Gleichung → Näherungsweises Lösen einer Gleichung → Bestimmung von Nullstellen → Asymptotisches Verhalten → Partialbruchzerlegung gebrochenrationaler Funktionen.

11.6 Taylor-Polynom einer Funktion

taylor	
Problem	Gesucht ist die Taylor-Entwicklung der Ordnung N für eine Funktion f(x) in einer Variablen x $$f_t(x) = f(x_0) + f'(x_0)(x-x_0) + \ldots + \frac{1}{N!} f^{(N)}(x_0)(x-x_0)^{(N)}$$
Befehl	**taylor**(f(x), x=x0, N+1);
Parameter	*f(x)*: Funktionsausdruck *x=x0*: Entwicklungspunkt *N*: Ordnung der Taylor-Entwicklung

Beispiel	$$f(x) = e^x$$ an der Stelle $x_0 = 0$ bis zur Ordnung 5:
	
	`> f:=x->exp(x):`
	`> taylor(f(x), x=0, 6);`
	$$1 + x + \frac{1}{2}x^2 + \frac{1}{6}x^3 + \frac{1}{24}x^4 + \frac{1}{120}x^5 + O(x^6)$$
	`> p:= convert(%,polynom);`
	$$p := 1 + x + \frac{1}{2}x^2 + \frac{1}{6}x^3 + \frac{1}{24}x^4 + \frac{1}{120}x^5$$
	`> plot([f(x), p], x=-2..4,color=[red,blue]);`[3]

Hinweise	$O(x^6)$ bedeutet, dass Terme ab der Ordnung 6 abgeschnitten werden. Mit **convert** wird die Partialsumme in ein Polynom umgewandelt, welches dann z.B. mit dem **plot**-Befehl gezeichnet wird. Die allgemeine Taylor-Reihe mit einem allgemeinen Bildungsgesetz kann erst ab Maple 11 durch den elementaren Befehlssatz von Maple bestimmt werden.
Siehe auch	**convert**, **animate**, **mtaylor**; → Taylor-Entwicklung einer Funktion mit mehreren Variablen → Konvergenz von Potenzreihen: Konvergenzradius → Fehlerrechnung.

---

[3] Aus Platzgründen wird auf die Ausgabe der Graphik verzichtet.

Kapitel 12: Funktionen in mehreren Variablen

Bei den Funktionen in mehreren Variablen werden die Themenstellungen der Tangentialebene, der Fehlerrechnung sowie das totale Differential über Maple-Befehlsfolgen bearbeitet. Hierzu werden zwei Prozeduren, *fehler* und *differential*, bereitgestellt, die vor der entsprechenden Verwendung definiert werden müssen. Die Taylor-Polynome einer Funktion werden durch **mtaylor** bis zur Ordnung *N* bestimmt. Weitere Themengebiete für Funktionen in mehreren Variablen sind auch in den Kapiteln 9, 14, 15 und 22 zu finden.

12.1 Totales Differential

differential	
Problem	Gesucht ist das totale Differential einer Funktion f(x_1, ..., x_n): $$df = \left(\frac{\partial}{\partial x_1} f\right) dx_1 + ... + \left(\frac{\partial}{\partial x_n} f\right) dx_n .$$
Befehl	`differential(f(x1, ..., xn), [x1, ..., xn]);`
Parameter	*f(x1, ..., xn):* Funktionsausdruck in den Variablen x_1, ..., x_n *[x1, ..., xn]:* Liste der Variablen

Beispiel	$f(x, y) = x \ln(x + y)$
	 `> f(x,y):=x*ln(x+y):`
	 `> df:=differential(f(x,y), [x,y]);`
	 $$df := \left(\ln(x + y) + \frac{x}{x + y}\right) dx + \frac{x \, dy}{x + y}$$

Hinweise	Die externe Prozedur *differential* muss vor dem erstmaligen Aufruf definiert werden. Dies erfolgt, indem man im zugehörigen Worksheet den Kursor an einer Stelle der Prozedur setzt und die Return-Taste betätigt. Man kann Prozeduren mit **save** auch abspeichern und mit **read** in anderen Worksheets wieder einlesen.
Siehe auch	`mtaylor`, `save`, `read`; → Fehlerrechnung.

12.2 Tangentialebene

Problem	Gesucht ist die Tangentialebene einer Funktion von zwei Variablen f(x,y) an der Stelle (x_0, y_0) mit graphischer Darstellung $$f(x_0, y_0) + \left(\frac{\partial}{\partial x} f\right)(x_0, y_0)(x - x_0) + \left(\frac{\partial}{\partial y} f\right)(x_0, y_0)(y - y_0)$$
Befehl	Maple-Befehlsfolge
Parameter	*f(x, y):* Funktionsausdruck in den Variablen *x, y* *(x0, y0)* Stelle an der die Tangentialebene aufgestellt wird

Beispiel	$f(x, y) = e^{(-(x^2+y^2))}$ an der Stelle (x_0, y_0) = (0.15, 0.15)
	 `> f:=(x,y) -> exp(-(x^2+y^2)):`
	 `> x0:=0.15: y0:=0.15:`
	 Definition der Tangentialebene:
	 `> t:=(x,y)->f(x0,y0)+D[1](f)(x0,y0)*(x-x0)`
	 `                +D[2](f)(x0,y0)*(y-y0):`
	 `> t(x,y);`
	     $1.042037255 - 0.2867992446\ x - 0.2867992446\ y$
	 Darstellung beider Graphen
	 `> p1:=plot3d(f(x,y),x=-2..2,y=-2..2, axes=boxed):`
	 `> p2:=plot3d(t(x,y),x=-2..2,y=-2..2, view=0..1.5,`
	 `                style=patchnogrid, shading=Z):`
	 `> with(plots, display):`
	 `> display([p1,p2],orientation=[-54,71]);`

Hinweise	Die Ableitungen werden mit dem **D**-Operator berechnet. Die Option *style=patchnogrid* bewirkt, dass das Gitter unterdrückt wird.
Siehe auch	**D**, `plot3d`, `display`; → Totales Differential.

12.3 Fehlerrechnung

fehler	
Problem	Die Funktion $y = f(x_1, ..., x_n)$ hänge von direkt gemessenen unabhängigen Größen $x_1, ..., x_n$ ab. Gesucht ist der absolute maximale Fehler in linearer Näherung $$dy = \left|\left(\frac{\partial}{\partial x_1}f\right)_0\right| |\Delta x_1| + ... + \left|\left(\frac{\partial}{\partial x_n}f\right)_0\right| |\Delta x_n| ,$$ wenn x_i^0 der Mittelwert der Größen x_i, Δx_i die Fehlertoleranz und die partiellen Ableitungen $\left(\frac{\partial}{\partial x_i}f\right)_0$ an den Stellen $(x_1^0, ..., x_n^0)$ ausgewertet werden.
Befehl	**fehler**(f(x1, ..., xn), x1=x10..x10+dx1, ..., xn=xn0..xn0+dxn);
Parameter	*f(x1, ..., xn):* Funktionsausdruck in den Variablen $x_1, ..., x_n$ *x1=x10..x10+dx1:* Bereich für die Variable x_1 *usw.*

Beispiel	$$E = 2\pi\sqrt{\frac{L}{g}}$$ mit L0=1, g0=9.81 und dL=0.001, dg=0.005:
	
	`> E:=2*Pi*sqrt(L/g);`
	`> fehler(E, L=1..1+.001, g=9.81..9.81+0.005);`
	$$E := 2\pi\sqrt{\frac{L}{g}}$$ Der Funktionswert an der Stelle P0 ist 2.006066681
	Der absolute Fehler in linearer Näherung ist 1.5143e-3
	Der relative Fehler in linearer Näherung ist 0.0755 %

Hinweise	Die externe Prozedur *fehler* muss vor dem erstmaligen Aufruf definiert werden. Dies erfolgt, indem man im zugehörigen Worksheet den Kursor an einer Stelle der Prozedur setzt und die Return-Taste betätigt. Man kann Prozeduren mit **save** auch abspeichern und mit **read** in anderen Worksheets wieder einlesen.
Siehe auch	**save**; **read**; **mtaylor**; → Totales Differential.

12.4 Taylor-Entwicklung einer Funktion mit mehreren Variablen

mtaylor	
Problem	Gesucht sind Näherungspolynome der Ordnung N für eine Funktion f(x_1, ..., x_n) mit mehreren Variablen (x_1, ..., x_n) sowie deren graphische Darstellung
Befehl	**mtaylor**(f(x1, ..., xn), [x1=x10, ..., xn=xn0], N+1);
Parameter	*f(x1, ..., xn):* Funktionsausdruck in den Variablen x_1, ..., x_n *xi=xi0:* Entwicklungspunkt ($i=1,...,n$) *N:* Ordnung der Taylor-Entwicklung

Beispiel	$f(x) = e^{-x^2-y^2}$ an der Stelle $x_0 = \frac{1}{2}, y_0 = 1$ bis zur Ordnung 2.
	
	`> f(x,y):=exp(-x^2-y^2):`
	`> p:=mtaylor(f(x,y), [x=1/2,y=1], 3);`
	
	$p := e^{(-5/4)} - e^{(-5/4)}\left(x - \frac{1}{2}\right) - 2\,e^{(-5/4)}(y-1) - \frac{1}{2}e^{(-5/4)}\left(x - \frac{1}{2}\right)^2$
	$\quad + 2\,e^{(-5/4)}(y-1)\left(x - \frac{1}{2}\right) + e^{(-5/4)}(y-1)^2$
	
	`> plot3d({f(x,y),p}, x=-1..1, y=-1..1,`
	`                    view=0..2,axes=boxed);`

Hinweise	Die Taylor-Reihe mit einem allgemeinen Glied kann nicht durch den elementaren Befehlssatz von Maple bestimmt werden.
Siehe auch	**taylor**; → Taylor-Polynom einer Funktion.

Kapitel 13: Grenzwerte und Reihen

Grenzwerte werden in Maple mit dem **limit**-Befehl bestimmt. Dabei werden bei der Berechnung von Funktionsgrenzwerten automatisch die Regeln von l'Hospital berücksichtigt. Rekursive Folgen müssen zuerst mit **rsolve** auf eine explizite Vorschrift zurückgeführt werden, um anschließend den **limit**-Befehl anzuwenden. Zur Diskussion von Zahlenreihen wird das Quotientenkriterium eingeführt und für Potenzreihen wird der Konvergenzradius bestimmt.

13.1 Bestimmung von Folgengrenzwerten

limit	
Problem	Gesucht ist der Grenzwert einer Zahlenfolge a_n für $n \to \infty$: $$\lim_{n \to \infty} a_n$$
Befehl	`limit(a(n), n=infinity);`
Parameter	*a(n):* Allgemeines Glied der Folge a_n
Beispiel	$$a_n = 1 + \frac{(-1)^n}{2^n}$$ `> a:= n -> 1 + (-1)^n *1/2^n:` `> limit(a(n), n=infinity);` 1
Hinweise	Bei Großschreibung des Befehls **Limit** (inerte Form) wird der Grenzwert nur symbolisch dargestellt und nicht ausgewertet. Eine nachträgliche Auswertung erfolgt dann mit dem **value**-Befehl. Zur graphischen Darstellung einer Folge verwendet man den **plot**-Befehl oder den **animate**-Befehl, wenn die Konvergenz der Folge in Form einer Animation dynamisch visualisiert werden soll. Beide Darstellungen sind im Worksheet enthalten.
Siehe auch	`rsolve`, `plot`, `animate`.

13.2 Bestimmung von Grenzwerten rekursiver Folgen

rsolve	
Problem	Gesucht ist der Grenzwert einer Zahlenfolge a_n für $n \to \infty$, $$\lim_{n \to \infty} a_n,$$ wenn die Folge rekursiv durch $a_n = f(a_{n-1}, ..., a_1)$ definiert ist und $a_{n-1}, ..., a_1$ vorgegebene Werte sind.
Befehl	`rsolve({a(n), a(1)}, a);`
Parameter	*a(n):* Rekursive Definition der Folge a_n *a(1):* Startwert *a:* Folgenname
Beispiel	$$a_n = \frac{1}{2}(a_{n-1} + 2) \text{ mit } a_1 = 4$$ Auflösen der Folge nach a_n `> rsolve({a(n)=1/2*(a(n-1)+2), a(1)=4}, a);` $$4\left(\frac{1}{2}\right)^n + 2$$ Bestimmung des Grenzwertes `> limit(%, n=infinity);` $$2$$
Hinweise	Mit **rsolve** wird die rekursive Folge explizit nach a_n aufgelöst und mit **limit** der Grenzwert gebildet.
Siehe auch	`limit`; → Bestimmung von Funktionsgrenzwerten.

13.3 Bestimmung von Funktionsgrenzwerten

limit	
Problem	Gesucht ist der Funktionsgrenzwert $$\lim_{x \to x_0} f(x)$$
Befehl	`limit(f(x), x=x0);`
Parameter	*f(x)*: Funktionsausdruck *x0*: Grenzwert der *x*-Folge; kann auch ∞ sein
Beispiele	$$\lim_{x \to 0} \frac{\sin(x)}{x}$$ `> limit(sin(x)/x, x = 0);` $$1$$ `> f:=1/(x-1):` $$f := \frac{1}{x-1}$$ `> Limit(f, x=1, right)=limit(f, x=1, right);` $$\lim_{x \to 1+} \frac{1}{x-1} = \infty$$ `> f:=(2*x^2+4*x-1)/(5*x^2-1);` $$f := \frac{2x^2 + 4x - 1}{5x^2 - 1}$$ `> Limit(f, x=infinity)=limit(f, x=infinity);` $$\lim_{x \to \infty} \frac{2x^2 + 4x - 1}{5x^2 - 1} = \frac{2}{5}$$
Hinweise	Bei Großschreibung des Befehls **Limit** (inerte Form) wird der Grenzwert nur symbolisch dargestellt und nicht ausgewertet. Es werden die Regeln von l'Hospital bei der Berechnung des Grenzwertes automatisch berücksichtigt. Optional kann als drittes Argument auch <left, right> für den rechtsseitigen bzw. linksseitigen Funktionsgrenzwert gewählt werden.
Siehe auch	→ Bestimmung von Folgengrenzwerten.

13.4 Konvergenz von Zahlenreihen: Quotientenkriterium

limit	
Problem	Anwendung des Quotientenkriteriums auf Zahlenreihen $\sum_{k=1}^{\infty} a_n$: $$q = \lim_{n \to \infty} \left| \frac{a_{n+1}}{a_n} \right|$$
Befehl	`limit(abs(a(n+1)/a(n)), n=infinity);`
Parameter	*a(n):* Zahlenfolge

Beispiel	Konvergiert die Reihe $\sum_{n=1}^{\infty} \frac{n}{2^n}$?
	`> a:= n -> n/2^n;`
	$$a := n \to \frac{n}{2^n}$$
	`> q:=limit(abs(a(n+1)/a(n)), n=infinity);`
	$$q := \frac{1}{2}$$
	Die Reihe konvergiert, da der Grenzwert *q*<1.

Hinweise	Ist *q* < 1, dann konvergiert die Reihe. Ist *q* > 1, dann divergiert die Reihe. Für *q* =1 kann mit dem Kriterium keine Aussage getroffen werden. In manchen Fällen ist es Maple nicht direkt möglich den Quotienten zu vereinfachen. Dann sollte dieser Quotient durch **simplify**(..., *symbolic*) vor der Grenzwertbildung vereinfacht werden.
Siehe auch	**sum**, `simplify`; → Berechnen von Summen und Produkten → Konvergenz von Potenzreihen: Konvergenzradius.

13.5 Konvergenz von Potenzreihen: Konvergenzradius

	limit
Problem	Gesucht ist der Konvergenzradius $\rho = \lim\limits_{n\to\infty} \left|\dfrac{a_n}{a_{n+1}}\right|$ der Potenzreihe $$\sum_{n=1}^{\infty} a_n (x-x_0)^n$$
Befehl	`limit(abs(a(n)/a(n+1)), n=infinity);`
Parameter	*a(n):* Zahlenfolge

Beispiel	Potenzreihe $\sum\limits_{n=1}^{\infty} \dfrac{(-1)^n (x-2)^n}{n}$
	`> a:= n -> (-1)^n/n:`
	`> simplify(a(n)/a(n+1), symbolic);`
	$$-\dfrac{n+1}{n}$$
	`> rho=limit(abs(%), n=infinity);`
	$$\rho = 1$$
	`> p(x):=Sum(a(n)*(x-2)^n,n=1..N);`
	`> with(plots):`
	`> animate(plot,[p(x), x=0..5],`
	`         N=[seq(i,i=1..20)], view=-2..10);`[4]

Hinweise	Für $|x-x_0| < \rho$ konvergiert die Reihe; für $|x-x_0| > \rho$ divergiert sie und für $|x-x_0| = \rho$ müssen separate Betrachtungen durchgeführt werden. Die obige Potenzreihe konvergiert für $|x-2| < 1$. Sehr illustrativ ist eine Visualisierung, welche die Partialsumme als Funktion der Ortsvariablen *x* und „Zeitvariablen" *N* (obere Summengrenze) in Form einer Animation darstellt. Die Animation unterstützt den Eindruck, dass die Reihe nur innerhalb des Konvergenzbereichs beschränkt bleibt. In manchen Fällen ist es Maple nicht direkt möglich den Quotienten zu vereinfachen. Dann sollte dieser Quotient durch **simplify**(..., *symbolic*) vor der Grenzwertbildung vereinfacht werden.
Siehe auch	`sum`, `simplify`, `animate`; → Berechnen von Summen und Produkten → Konvergenz von Zahlenreihen: Quotientenkriterium.

---

[4] Aus Platzgründen wird auf die Ausgabe der Animation verzichtet.

Kapitel 14: Differentiation

Eine der wichtigsten Konstruktionen in der Analysis ist der Ableitungsbegriff. Sowohl die Berechnung der gewöhnlichen als auch der partiellen Ableitungen von Ausdrücken wird mit **diff** gebildet. Höhere bzw. gemischte Ableitungen werden ebenfalls mit **diff** durch **diff**(f(x), x$n) bestimmt. Speziell für Funktionen steht der **D**-Operator zur Verfügung.

14.1 Ableitung eines Ausdrucks in einer Variablen

diff	
Problem	Gesucht ist die Ableitung eines Ausdrucks f(x) in einer Variablen x $$\frac{d}{dx} f(x)$$
Befehl	**diff**(f(x), x);
Parameter	*f(x):* Ausdruck in x *x:* Unabhängige Variable

Beispiel	$$f(x) = x^2 + \ln(x) + 4$$
	 `> f(x) := x^2+ln(x)+4:`
	 `> diff(f(x), x);`
	 $$2x + \frac{1}{x}$$
	 `> Diff(f(x), x$2)=diff(f(x), x$2);`
	 $$\frac{d^2}{dx^2}(x^2 + \ln(x) + 4) = 2 - \frac{1}{x^2}$$

Hinweise	Höhere Ableitungen werden durch **diff(f(x), x$2)** usw. gebildet. Bei Großschreibung des Befehls **Diff** (inerte Form) wird die Ableitung nur symbolisch dargestellt und nicht ausgewertet.
Siehe auch	**D**; → Ableitung einer Funktion in einer Variablen.

14.2 Ableitung einer Funktion in einer Variablen

D	
Problem	Gesucht ist die Ableitung einer Funktion f $$\frac{d}{dx}f$$
Befehl	`D(f);`
Parameter	*f*: Funktion
Beispiel	$$\ln(x) + 4x^2$$ `> f := x -> ln(x) + 4*x^2;` $$f := x \rightarrow \ln(x) + 4x^2$$ Erste Ableitung `> D(f);` $$x \rightarrow \frac{1}{x} + 8x$$ Erste Ableitung an der Stelle *x*=2 `> D(f)(2);` $$\frac{33}{2}$$ Zweite Ableitung `> (D@@2)(f);` $$x \rightarrow -\frac{1}{x^2} + 8$$
Hinweise	Höheren Ableitungen werden durch (D@@2)(f) bzw. (D@@*n*)(f) für die 2. bzw. *n*-te Ableitung gebildet. Es ist wichtig zwischen **diff** und **D** zu unterscheiden: **diff** differenziert einen Ausdruck und liefert als Ergebnis einen Ausdruck; **D** differenziert eine Funktion und liefert als Ergebnis eine Funktion! Man beachte, dass D(f)(x) = diff(f(x), x). Das Ergebnis des **D**-Operators ist wieder eine Funktion, die anschließend an einer Stelle x_0 auswertbar ist.
Siehe auch	`diff`; → Ableitung eines Ausdrucks in einer Variablen.

14.3 Numerische Differentiation

Problem	Gesucht ist eine Näherung für die Ableitung eines Ausdrucks f(x) an der Stelle x_0 $$\frac{d}{dx}f(x_0) \approx \frac{f(x_0+h)-f(x_0-h)}{2h}$$
Befehl	Maple-Befehlsfolge
Parameter	*f:* Funktion *x0:* Wert an der die Ableitung berechnet wird *h:* Schrittweite

Beispiel	$f(x) = \sin(x)\ln(x)$ bei $x_0 = 0.5$ mit einer Schrittweite von $h = 0.1$
	
	`> f := x-> sin(x)*ln(x):`
	`> x0:=0.5:`
	`> h:=0.1:`
	`> Ableitung=(f(x0+h)-f(x0-h))/(2*h);`
	
	Ableitung = 0.3419328710

Hinweise	Für eine im Punkte x_0 differenzierbare Funktion f konvergiert dieser sog. zentrale Differenzenquotient für $h \rightarrow 0$ gegen die Ableitung der Funktion im Punkte x_0. Numerisch wachsen allerdings die Rundungsfehler für kleine h so stark an, dass der Gesamtfehler (Diskretisierungsfehler + Rundungsfehler) sich proportional zu $1/h$ verhält. Durch die Angabe **Digits**:=*n* wird die Genauigkeit der Rechnung auf *n* Stellen erhöht. Standardmäßig wird mit 10 Stellen gerechnet.
Siehe auch	`diff`, `D`; → Ableitung eines Ausdrucks in einer Variablen.

14.4 Partielle Ableitungen eines Ausdrucks in mehreren Variablen

diff	
Problem	Gesucht ist die partielle Ableitung eines Ausdrucks $f(x_1, ..., x_n)$ nach einer Variablen x_i $$\frac{\partial}{\partial x_i} f(x_1, x_2, x_3, ..., x_n)$$
Befehl	`diff`(f(x1, x2, x3), xi);
Parameter	*f(x1, x2, x3)*: Ausdruck in den Variablen x_1, x_2, x_3 *x1, x2, x3* : Unabhängige Variablen
Beispiel	$$f(x, y) = \frac{1}{\sqrt{x^2 + y^2}}$$ > `f:=1/sqrt(x^2+y^2):` > `Diff(f,x)=diff(f,x);` $$\frac{\partial}{\partial x} \frac{1}{\sqrt{x^2 + y^2}} = -\frac{x}{(x^2 + y^2)^{(3/2)}}$$ > `Diff(f, x, y)=diff(f, x, y);` $$\frac{\partial^2}{\partial y \, \partial x} \frac{1}{\sqrt{x^2 + y^2}} = 3 \frac{x\,y}{(x^2 + y^2)^{(5/2)}}$$
Hinweise	Höhere partielle Ableitungen werden durch **diff(f(x,y), x\$2)** bzw. **diff(f(x,y), y\$2)** oder **diff(f(x,y,z), x,y,z)** usw. gebildet. Bei Großschreibung des Befehls **Diff** (inerte Form) wird die Ableitung nur symbolisch dargestellt und nicht ausgewertet.
Siehe auch	**D;** → Ableitung einer Funktion in einer Variablen.

14.5 Partielle Ableitungen einer Funktion in mehreren Variablen

D	
Problem	Gesucht ist die partielle Ableitung einer Funktion $f(x_1, x_2, ..., x_n)$ nach einer Variablen x_i $$\frac{\partial}{\partial x_i} f(x_1, x_2, x_3, ..., x_n)$$
Befehl	`D[i](f);`
Parameter	*f:* Funktion

Beispiel	$$f := (x, y) \to \ln(\sqrt{(x-a)^2 + (y-b)^2})$$
	
	`> f := (x,y) -> ln(sqrt((x-a)^2+(y-b)^2)):`
	`> D[1](f);`
	$$(x, y) \to \frac{1}{2} \frac{2x - 2a}{\sqrt{(x-a)^2 + (y-b)^2}^2}$$
	
	`> D[2](f)(x,y);`
	$$\frac{2y - 2b}{2((x-a)^2 + (y-b)^2)}$$

Hinweise	Höhere Ableitungen werden durch **D[1$2]**, **D[2$2]** bzw. **D[1, 2]** für die gemischte zweite Ableitung usw. gebildet. Alternativ zu **D[1$2]** und zu **D[2$2]** werden auch **(D[1]@@2)(f)** und **(D[1]@@2)(f)** verwendet. Es ist wichtig zwischen **diff** und **D** zu unterscheiden: **diff** differenziert einen Ausdruck und liefert als Ergebnis einen Ausdruck; **D** differenziert eine Funktion und liefert als Ergebnis eine Funktion! Das Ergebnis des **D**-Operators ist also wieder eine Funktion, die anschließend an einer vorgegebenen Stelle auswertbar ist.
Siehe auch	`diff`; → Ableitung eines Ausdrucks in einer Variablen.

Kapitel 15: Integration

Neben dem Ableiten gehört das Integrieren zu den Standard-Aufgaben der Analysis. Die Integration erfolgt mit **int**. Damit können bestimmte, unbestimmte und uneigentliche Integrale berechnet werden. Doppel-, Mehrfach- bzw. Linienintegrale werden zunächst auf einfache Integrale mit den zugehörigen Integrationsgrenzen zurückgespielt und dann mit dem **int**-Befehl sukzessive bestimmt. Die Berechnung der Mantelfläche und des Volumens von Rotationskörper sind ebenfalls eine Anwendung des **int**-Befehls.

15.1 Integration einer Funktion in einer Variablen

int	
Problem	Gesucht ist das bestimmte Integral $\int_a^b f(x)\,dx$
Befehl	`int(f(x), x=a..b);`
Parameter	*f(x):* Integrand in x *x=a..b:* Integrationsvariable mit Integrationsbereich

Beispiel	$\int_1^3 x^2 + \ln(x) + 4\,dx$
	
	 `> f(x) := x^2+ln(x)+4:`
	 `> int(f(x), x=1..3);`
	
	 $3\ln(3) + \dfrac{44}{3}$

Hinweise	Bei Großschreibung des Befehls **Int** (inerte Form) wird das bestimmte Integral nur symbolisch dargestellt und nicht ausgewertet. Eine spätere Auswertung ist mit dem **value**-Befehl möglich. Werden die Integrationsgrenzen nicht angegeben, so wird eine Stammfunktion bestimmt. Als Integrationsgrenzen sind auch -∞ und ∞ zugelassen, d.h. der **int**-Befehl berechnet auch uneigentliche Integrale.
Siehe auch	→ Numerische Integration einer Funktion in einer Variablen.

15.2 Numerische Integration einer Funktion in einer Variablen

Int evalf	
Problem	Gesucht ist eine numerische Näherung für das bestimmte Integral $$\int_a^b f(x)\,dx$$
Befehle	**Int**(f(x), x=a..b); **evalf**(%);
Parameter	*f(x)*: Integrand in *x* *x=a..b*: Integrationsvariable mit Integrationsbereich
Beispiel	$$\int_0^1 \frac{\tan(x)}{x}\,dx$$ `> Int( tan(x)/x, x=0..1);` $$\int_0^1 \frac{\tan(x)}{x}\,dx$$ `> evalf(%);` $$1.149151231$$
Hinweise	Bei der Verwendung von **evalf** dürfen weder der Integrand noch die Integrationsgrenzen Parameter enthalten. Die inerte Formulierung ist bei der numerischen Rechnung im Allgemeinen schneller, da dann nicht versucht wird, zunächst eine Stammfunktion zu bestimmen und diese dann an den Integrationsgrenzen auszuwerten. Durch die Angabe **Digits**:=*n* wird die Genauigkeit der Rechnung auf *n* Stellen erhöht. Standardmäßig wird mit 10 Stellen gerechnet.
Siehe auch	**trapezoid**(f(x), x=a..b, n): Trapezregel bei der Berechnung der Teilflächen über den *n* Teilintervallen; **simpson**(f(x), x=a..b, n): Simpsonregel bei der Berechnung der Teilflächen über den *n* Teilintervallen.

15.3 Mantelfläche und Volumen von Rotationskörper bei *x*-Achsenrotation

	int
Problem	Gesucht sind die Mantelfläche *M* und das Volumen *V* eines Rotationskörpers bei Rotation eines Funktionsgraphen f(*x*) um die *x*-Achse: $$M = 2\pi \int_a^b f(x) \sqrt{1 + \left(\frac{\partial}{\partial x} f(x)\right)^2} \, dx,$$ $$V = \pi \int_a^b f(x)^2 \, dx.$$
Befehle	M := 2*Pi*`int`(f(x)*sqrt(1+diff(f(x),x)^2), x=a..b); V := Pi*`int`(f(x)^2, x=a..b)
Parameter	*f(x):* Funktionsausdruck *x=a..b:* Bereich der Variablen *x*

Beispiel	$$f(x) = x^2$$ im Bereich von 0 bis 2
	`> f(x) := x^2:`
	`> M:=2*Pi*int(f(x)*sqrt(1+diff(f(x),x)^2),x=0..2);`
	$$M := 2\pi \left(-\frac{3}{64}\ln(2) + \frac{33\sqrt{17}}{16} - \frac{1}{64}\ln\left(\frac{1}{2} + \frac{\sqrt{17}}{8}\right)\right)$$
	`> V := Pi*int(f(x)^2, x=0..2);`
	$$V := \frac{32}{5}\pi$$

Hinweise	Falls die Integration in Maple nicht ausgeführt wird, wendet man auf das Ergebnis **evalf**(%) an. Dann wird das bestimmte Integral numerisch berechnet, sofern der Integrand und die Integrationsgrenzen keine Parameter enthalten.
Siehe auch	`int`; → Darstellung von Rotationskörpern bei Rotation um die *x-Achse* → Darstellung von Rotationskörpern bei Rotation um die *y-Achse*.

15.4 Mantelfläche und Volumen von Rotationskörper bei *y*-Achsenrotation

	int
Problem	Gesucht sind die Mantelfläche *M* und das Volumen *V* eines Rotationskörpers bei Rotation eines Funktionsgraphen f(*x*) um die *y*-Achse: $$M = 2\pi \int_a^b x \sqrt{1 + \left(\frac{\partial}{\partial x} f(x)\right)^2}\, dx,$$ $$V = 2\pi \int_a^b x\, f(x)\, dx.$$
Befehle	M := 2*Pi* **int**(x*sqrt(1+diff(f(x),x)^2), x=a..b); V := 2*Pi* **int**(x*f(x), x=a..b);
Parameter	*f(x):* Funktionsausdruck *x=a..b:* Bereich der Variablen *x*

Beispiel	$$f(x) = x^2$$ im Bereich von 0 bis 2
	`> f(x) := x^2:`
	`> M := 2*Pi* int(x*sqrt(1+diff(f(x),x)^2),x=0..2);`
	$$M := 2\pi\left(\frac{17}{12}\sqrt{17} - \frac{1}{12}\right)$$
	`> V := 2*Pi* int(x*f(x), x=0..2);`
	$$V := 8\pi$$

Hinweise	Falls die Integration in Maple nicht ausgeführt wird, wendet man auf das Ergebnis **evalf**(%) an. Dann wird das bestimmte Integral numerisch berechnet, sofern der Integrand und die Integrationsgrenzen keine Parameter enthalten.
Siehe auch	`int`; → Darstellung von Rotationskörpern bei Rotation um die *y-Achse* → Mantelfläche und Volumen von Rotationskörper bei *x-Achsenrotation*.

15.5 Mehrfachintegrale einer Funktion in mehreren Variablen

	int value
Problem	Gesucht ist das Integral einer Funktion f(x, y) von zwei Variablen über einem zweidimensionalen Gebiet Ω $$\int_\Omega f(x, y)\, d\omega$$
Befehle	`int(` int(f(x,y), x=a..b), y=c..d); bzw. `value(` Int(Int(f(x,y), x=a..b), y=c..d));
Parameter	*f(x,y)*: Integrand in den Variablen *x* und *y* *x=a..b*: Integrationsbereich für die Variable *x* *y=c..d*: Integrationsbereich für die Variable *y*

Beispiel	$$\int_{-1}^{1}\int_{y}^{y+4} x^2 + y^2\, dx\, dy$$
	`> f:=x^2+y^2:`
	`> I1:=Int(f,x=y..y+4):`
	`> I2:=Int(I1, y=-1..1):`
	`> I2=value(I2);`
	$$\int_{-1}^{1}\int_{y}^{y+4} x^2 + y^2\, dx\, dy = 48$$

Hinweise	Doppelintegrale werden mit Maple erst berechnet, nachdem eine Zerlegung des Doppelintegrals in zwei einfache Integrale mit den entsprechenden Integrationsgrenzen erfolgte. Entsprechend den Doppelintegralen werden auch die Drei- bzw. Mehrfachintegrale mit dem **int**-Befehl sukzessive berechnet, nachdem eine Zerlegung in einfache Integrale mit den entsprechenden Integrationsgrenzen erfolgte. Man beachte, dass mit der trägen (inerten) Form von **Int** die Integrale nur symbolisch dargestellt und anschließend mit **value** ausgewertet werden.
Siehe auch	→ Integration einer Funktion in einer Variablen → Linienintegrale.

15.6 Linienintegrale

	int
Problem	Gesucht ist das Linienintegral über eine Vektorfunktion $f(x, y, z)$ von drei Variablen entlang einer Linie C $$\int_C f(x,y,z)\,dr = \int_{t_0}^{t_1} f(r(t))\left(\frac{\partial}{\partial t} r(t)\right) dt =$$ $$= \int_{t_0}^{t_1} f_1(r(t))\left(\frac{\partial}{\partial t}x(t)\right) + f_2(r(t))\left(\frac{\partial}{\partial t}y(t)\right) + f_3(r(t))\left(\frac{\partial}{\partial t}z(t)\right) dt\,,$$ wenn $r(t) = (x(t), y(t), z(t))$ eine Parametrisierung der Kurve C mit dem Anfangspunkt $r(t_0)$ und Endpunkt $r(t_1)$.
Befehl	`int( f[1](r(t)) * diff(x(t),t)  +  f[2](r(t)) * diff(y(t),t)  +` `     f[3](r(t)) * diff(z(t),t),     t = t[0] .. t[1])` bzw. als Maple-Befehlsfolge
Parameter	*f:* Vektorfunktion in den Variablen *x*, *y* und *z* *r(t):* Integrationsweg in der Variablen *t* *t=t0..t1:* Integrationsbereich der Variablen *t*
Beispiel	Gegeben ist die Vektorfunktion $f(x, y, z)$, die entlang der Kurve C integriert werden soll. Die Kurve C wird beschrieben durch die Parametrisierung $r(t)$. Der Anfangspunkt der Kurve liegt bei $t=0$ und Endpunkt bei $t=1$. Dabei ist $$f(x,y,z) = \begin{bmatrix} xy \\ yz \\ -x \end{bmatrix} \text{ und } r(t) = \begin{bmatrix} t \\ t^2 \\ t^3 \end{bmatrix}: \quad \int_C f(x,y,z)\,dr = ?$$ `> f:=<x*y, y*z, -x>;` #Vektorfunktion $$f := [xy, yz, -x]$$ `> r:=<t, t^2, t^3>;` #Weg $$r := [t, t^2, t^3]$$ Zur Berechnung des Linienintegrals bestimmen wir zunächst den Integranden: `> rs:=map(diff, r, t);` $$rs := [1, 2t, 3t^2]$$

```
> x:=r[1]: y:=r[2]: z:=r[3]:
> with(LinearAlgebra):
> DotProduct(f, rs);
```
$$\bar{t}^3 + 2\,\bar{t}^5\,t - 3\,\bar{t}\,t^2$$

Man beachte, dass das Skalarprodukt über den komplexen Zahlen genommen und erst bei der Festlegung der Variablen t durch $t=0..1$ als reelle Größe identifiziert wird. Mit der Ergänzung
```
> DotProduct(f, rs) assuming t:: real;
```
wird die Berechnung im Reellen durchgeführt.

Die Integration liefert in beiden Fällen:
```
> int(%,t=0..1);
```
$$\frac{-3}{14}$$

Mit **fieldplot3d** erhält man die graphische Darstellung der vektorwertigen Funktion f, **spacecurve** stellt die Kurve C im Raum dar und **display3d** fügt beide 3d-Graphiken in ein Schaubild ein. Die Details sind im Worksheet zu finden. Das Ergebnis ist:

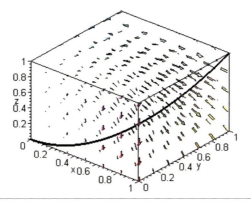

Hinweise	Linienintegrale werden mit Maple erst berechnet, nachdem eine Zerlegung des Linienintegrals in ein einfaches Integral mit den entsprechenden Integrationsgrenzen erfolgte. Entsprechend den Linienintegralen für dreidimensionale Vektorfunktionen in den Variablen (x, y, z) werden auch Linienintegrale mit zweidimensionalen bzw. mehrdimensionalen Vektorfunktionen mit **int** berechnet, nachdem eine Zerlegung in ein einfaches Integral mit den entsprechenden Integrationsgrenzen erfolgte.
Siehe auch	`diff`, `map`, `value`, `display3d`, `DotProduct`, `fieldplot3d`, `spacecurve`; → Integration einer Funktion in einer Variablen → Mehrfachintegrale einer Funktion in mehreren Variablen.

Kapitel 16: Fourier-Reihen und FFT

Bei die Analyse periodischer Vorgänge zerlegt man ein Signal in seine harmonischen Bestandteile. Hierzu verwendet man die Formeln für Fourier-Reihen. Die Fourier-Reihe ist eine Darstellung der Funktion f(*t*) als Superposition von Sinus- und Kosinusfunktionen mit den Fourier-Koeffizienten als zugehörigen Amplituden.

Im Abschnitt Fourier-Reihen (analytisch) werden unter Verwendung des **int**-Befehls die reellen Fourier-Koeffizienten formelmäßig berechnet. Hierbei darf die Funktion f(*t*) Parameter enthalten. Ist man nur an zahlenmäßigen Werten der Ergebnisse interessiert, so verwendet man die Befehlsfolge aus dem Abschnitt Fourier-Reihen (numerisch). Dann darf die Funktion keine Parameter enthalten.

Im Abschnitt über die komplexen Fourier-Reihen erfolgt eine Zerlegung des Signals f(*t*) in Anteile der komplexwertigen Exponentialfunktion $e^{i\omega_n t}$. Die zugehörigen komplexen Fourier-Koeffizienten c_n entsprechen bis auf den Faktor 2 dem Amplitudenspektrum der Funktion. Im Abschnitt FFT (**F**ast **F**ourier **T**ransformation) wird die Fourier-Analysis mit dem **FourierTransform**-Befehl für diskrete Werte durchgeführt. Die FFT wird auch für die Analyse von Messwerten verwendet, die in einem Zeitbereich [0, T] abgetastet vorliegen. Man beachte, dass der **FourierTransform**-Befehl aus dem **DiscreteTransforms**-Package den bisherigen **FFT**-Befehl ersetzt.

Bei der numerischen Berechnung der Fourier-Koeffizienten und bei der Anwendung der FFT darf die Funktion keine Parameter enthalten. Bei der numerischen Berechnung der Integrale können Koeffizienten, die analytisch zwar Null sind, nun Werte in der Größenordnung 10^{-9} und kleiner bekommen. Durch die Angabe **Digits**:=*n* wird dann die Darstellung der Zahlen und die Genauigkeit der Rechnung auf *n* Stellen erhöht. Standardmäßig wird mit 10 Stellen gerechnet.

16.1 Fourier-Reihen (analytisch)

Problem	Gegeben ist eine *T*-periodische Funktion f(*t*). Gesucht sind die Fourier-Koeffizienten a_0, a_n und b_n: $$a_0 = \frac{1}{T} \int_0^T f(t)\, dt,$$ $$a_n = \frac{2}{T} \int_0^T f(t) \cos(n\, w_0\, t)\, dt,$$ $$b_n = \frac{2}{T} \int_0^T f(t) \sin(n\, w_0\, t)\, dt \quad \text{mit} \quad w_0 = \frac{2\pi}{T}$$ sowie die Darstellung der Funktion über die Fourier-Reihe $$f(t) = a_0 + \left(\sum_{n=1}^{\infty} a_n \cos(n\, w_0\, t) \right) + \left(\sum_{n=1}^{\infty} b_n \sin(n\, w_0\, t) \right)$$
Befehl	Maple-Befehlsfolge
Parameter	-

Beispiel	Gesucht sind formelmäßige Ausdrücke für die Koeffizienten und die Reihendarstellung einer Dreiecksfunktion
	
	 ```> f1:=t: #erstes Intervall 0<=t<=T/4```
	 ```> f2:=-1/3*(t-T): #zweites Intervall```
	
	 Gleichanteil der Funktion
	 ```> a[0]:=1/T*(int(f1,t=0..T/4)+int(f2,t=T/4..T));``` $$a_0 := \frac{1}{8} T$$ Koeffizienten a_n
	 ```> a[n]:=2/T*(int(f1*cos(n*2*Pi/T*t),t=0..T/4)```
	 ``` +int(f2*cos(n*2*Pi/T*t),t=T/4..T)):```
	 ```> a[n]:=normal(a[n]);``` $$a_n := -\frac{1}{3} \frac{T\left(-2\cos\left(\frac{1}{2}n\pi\right) + 1 + \cos(n\pi)^2\right)}{n^2 \pi^2}$$

Koeffizienten b_n
```
> b[n]:=2/T*(int(f1*sin(n*2*Pi/T*t),t=0..T/4)
        +int(f2*sin(n*2*Pi/T*t),t=T/4..T)):
> b[n]:=normal(b[n]);
```

$$b_n := -\frac{1}{3} \frac{T\left(-2\sin\left(\frac{1}{2}n\pi\right) + \sin(n\pi)\cos(n\pi)\right)}{n^2 \pi^2}$$

Darstellung der Partialsumme für $N=10$
```
> N:=10: T:=1:
> a[0] + sum(a[n]*cos(n*2*Pi/T*t), n=1..N) +
        sum(b[n]*sin(n*2*Pi/T*t), n=1..N);
```

$$\frac{1}{8} - \frac{2}{3}\frac{\cos(2\pi t)}{\pi^2} - \frac{1}{3}\frac{\cos(4\pi t)}{\pi^2} - \frac{2}{27}\frac{\cos(6\pi t)}{\pi^2} - \frac{2}{75}\frac{\cos(10\pi t)}{\pi^2}$$
$$- \frac{1}{27}\frac{\cos(12\pi t)}{\pi^2} - \frac{2}{147}\frac{\cos(14\pi t)}{\pi^2} - \frac{2}{243}\frac{\cos(18\pi t)}{\pi^2} - \frac{1}{75}\frac{\cos(20\pi t)}{\pi^2}$$

$$\frac{2}{3}\frac{\sin(2\pi t)}{\pi^2} - \frac{2}{27}\frac{\sin(6\pi t)}{\pi^2} + \frac{2}{75}\frac{\sin(10\pi t)}{\pi^2} - \frac{2}{147}\frac{\sin(14\pi t)}{\pi^2} + \frac{2}{243}\frac{\sin(18\pi t)}{\pi^2}$$

```
> plot(f_reihe, t=0..2*T, color=red);
```

Hinweise	Bei der analytischen Berechnung der Fourier-Koeffizienten dürfen in der Funktion Parameter enthalten sein. Damit das Integral aber berechnet wird, sollte auf eine Definition der Funktion über den **piecewise**-Befehl verzichtet werden. Stattdessen werden die Integrale geeignet aufgespaltet und die Funktionsvorschrift direkt in die Integrale eingesetzt. Durch die Ergänzung *assuming* bei der Bestimmung der Koeffizienten > `a[n]:=normal(a[n]) assuming n::posint;` wird die Berechnung unter der Voraussetzung durchgeführt, dass n eine positive ganze Zahl darstellt. Dann werden Terme der Form $\sin(n\pi)$ automatisch zu Null vereinfacht. Mit dem **plot**-Befehl wird die Partialsumme gezeichnet.
Siehe auch	`int`, `normal`, `plot`; → Fourier-Reihen (numerisch) → FFT.

16.2 Fourier-Reihen (numerisch)

Problem	Gegeben ist eine T-periodische Funktion f(t). Gesucht sind die numerisch berechneten Fourier-Koeffizienten bis zur Ordnung N $$a_0 = \frac{1}{T} \int_0^T f(t)\, dt,$$ $$a_n = \frac{2}{T} \int_0^T f(t) \cos(n\, w_0\, t)\, dt,$$ $$b_n = \frac{2}{T} \int_0^T f(t) \sin(n\, w_0\, t)\, dt \quad \text{mit } w_0 = \frac{2\pi}{T}$$ sowie die Partialsumme der Fourier-Reihe $$f(t) = a_0 + \left(\sum_{n=1}^{N} a_n \cos(n\, w_0\, t) \right) + \left(\sum_{n=1}^{N} b_n \sin(n\, w_0\, t) \right)$$
Befehl	Maple-Befehlsfolge
Parameter	-

Beispiel	Gesucht ist die Fourier-Reihe einer Dreiecksfunktion
	`> f:=piecewise(t<T/4,t, t<T,-1/3*(t-T),0):`
	`> T:=10:`
	`> a[0]:=1/T*Int(f,t=0..T):`
	`> a[0]:=evalf(%);`
	$$a_0 := 1.250000000$$
	`> N:=10:`
	`> for n from 1 to N`
	`> do`
	`>    a[n]:=2/T*Int(f*cos(n*2*Pi/T*t),t=0..T);`
	`>    a[n]:=evalf(%);`
	`>    b[n]:=2/T*Int(f*sin(n*2*Pi/T*t),t=0..T);`
	`>    b[n]:=evalf(%);`
	`>    printf(`n=%2d: %+8.4e %+8.4e.\n`,`
	`                                n, a[n], b[n]);`
	`> end do:`
	`      n= 1:   -6.7547e-01 +6.7547e-01.`
	`      n= 2:   -3.3774e-01 +0.0000e-01.`
	`      n= 3:   -7.5053e-02 -7.5053e-02.`
	`      n= 4:   -1.3158e-16 +0.0000e-01.`

|  | ```
            n= 5:   -2.7019e-02  +2.7019e-02.
            n= 6:   -3.7526e-02  +0.0000e-01.
            n= 7:   -1.3785e-02  -1.3785e-02.
            n= 8:   +1.6448e-16  +0.0000e-01.
            n= 9:   -8.3392e-03  +8.3392e-03.
            n=10:   -1.3509e-02  +0.0000e-01.

> f_reihe:=
        a[0] +
        add(a[i]*cos(i*2*Pi/T*t), i=1..N) +
        add(b[i]*sin(i*2*Pi/T*t), i=1..N):

> plot([f, f_reihe], t=0..T,
                    color=[black, red]);
``` |
Hinweise	Bei der numerischen Berechnung der Fourier-Koeffizienten dürfen in der Funktion keine Parameter enthalten sein.
	Bei obiger Rechnung wird die inerte Form des **int**-Befehls verwendet, d.h. das Integral wird zunächst nicht ausgewertet, sondern mit **evalf(Int**(..)) wird ein numerisches Integrationsverfahren zur Berechnung des bestimmten Integrals herangezogen. Diese Formulierung ist bei der numerischen Rechnung im Allgemeinen schneller, da dann keine Stammfunktionen berechnet werden, um diese dann an den Integrationsgrenzen auszuwerten.
	N spezifiziert die Ordnung der Partialsumme.
	Durch die numerische Berechnung der Integrale können Koeffizienten, die analytisch zwar Null sind, nun Werte in der Größenordnung 10^{-9} und kleiner bekommen. Durch die Angabe **Digits**:=n wird die Genauigkeit der Rechnung auf n Stellen erhöht. Standardmäßig wird mit 10 Stellen gerechnet.
Siehe auch	`int`, `piecewise`, `for-Schleife`, `add`, `printf`, `plot`, `Digits`; → Fourier-Reihen (analytisch) → FFT.
```

16.3 Komplexe Fourier-Reihe und Amplitudenspektrum

Problem	Gegeben ist eine T-periodische Funktion f(t). Gesucht sind die komplexen Fourier-Koeffizienten c_n: $$c_n = \frac{1}{T} \int_0^T f(t)\, e^{(-n w_0 t)}\, dt \quad \text{mit} \quad w_0 = \frac{2\pi}{T}$$ sowie die Darstellung des Amplitudenspektrums.
Befehl	Maple-Befehlsfolge
Parameter	-

Beispiel	f(t) = Zweiweggleichrichter (T=1):
	
	 ```> w0:=2*Pi/T:```
	```> f1:=i0*sin(w0*t): #erstes Intervall 0<=t<=T/2```
	```> f2:=-i0*sin(w0*t): #zweites Intervall T/2<=t<=T```
	```> Integral:= 1/T*Int(f1* exp(-I*n*w0*t),t=0..T/2)```
	```> + 1/T*Int(f2*exp(-I*n*w0*t),t=T/2..T):```
	```> c[n]:=normal(value(Integral));``` $$c_n := -\frac{1}{2}\, \frac{i0\,(2\,e^{(-I n \pi)} + 1 + e^{(-2 I n \pi)})}{\pi\,(n^2 - 1)}$$ Man erkennt, dass bei den Koeffizienten c_n durch den Term n^2-1 dividiert wird. Daher sind die Koeffizienten für n=1 und n=-1 separat zu berechnen:
	```> c[1]:=limit(c[n], n=1);``` $$c_1 := 0$$

```
> c[-1]:=limit(c[n], n=-1);
```

$$c_{-1} := 0$$

Das Amplitudenspektrum ist bis auf den Faktor 2 der Betrag der komplexen Fourier-Koeffizienten

```
> i0:=1:
> l := [seq([ [k,0], [k, abs(limit(c[n],n=k))]],
        k=-15..15)]:
> plot(l, x=-12..12,color=black, labels=[n,``],
        thickness=3, title=Amplitudenspektrum);
```

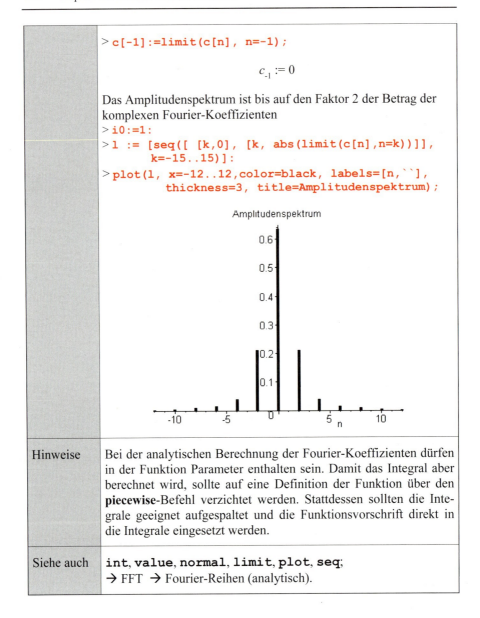

Hinweise	Bei der analytischen Berechnung der Fourier-Koeffizienten dürfen in der Funktion Parameter enthalten sein. Damit das Integral aber berechnet wird, sollte auf eine Definition der Funktion über den **piecewise**-Befehl verzichtet werden. Stattdessen sollten die Integrale geeignet aufgespalten und die Funktionsvorschrift direkt in die Integrale eingesetzt werden.
Siehe auch	`int`, `value`, `normal`, `limit`, `plot`, `seq`; → FFT → Fourier-Reihen (analytisch).

16.4 FFT

Fourier-Transform	
Problem	Gegeben ist eine *T*-periodische Funktion f(*t*) in Form von *N* Messdaten $f(t_0)$, $f(t_1)$, ..., $f(t_{N-1})$. Gesucht sind Näherungen für die Fourier-Koeffizienten c_m $$c_m \approx \frac{1}{N} \sum_{n=0}^{N-1} f(t_n)\, e^{\left(-\frac{i\,n\,m\,2\pi}{N}\right)}$$ sowie die Fourier-Reihe $$f(t_n) = \frac{1}{T} \sum_{m=0}^{N-1} c_m\, e^{\left(\frac{i\,n\,m\,2\pi}{N}\right)}$$
Befehl	**FourierTransform** (x, y);
Parameter	*x:* Vektor der diskreten Realteile der Funktion *y:* Vektor der diskreten Imaginärteile der Funktion
Beispiel	Gesucht sind die Amplituden der Frequenzen, die in $$\sin(2\pi\,1.0\,t) + \sin(2\pi\,1.2\,t) + \sin(2\pi\,2.3\,t) + \sin(2\pi\,2.7\,t)$$ enthalten sind. ``` > f:=t->evalf(sin(2*Pi*1.0*t) + sin(2*Pi*1.2*t) + sin(2*Pi*2.3*t) + sin(2*Pi*2.7*t)): > plot(f(t),t=0..15,color=black, thickness=2); ``` Abtastung der Funktion mit dem **seq**-Operator: ``` > m:=8: N:=2^m: > T:=20.1: dt:=evalf(T/N): > fd := Vector([seq(f((i-1)*dt), i=1..N)]): > imd:= Vector([seq(0, i=1..N)]): ```

	Berechnung der FFT
	``
	>with(DiscreteTransforms):
	>Xt,Yt := FourierTransform(fd,imd):
	>print(seq(Xt[i],i=1..N));
	        print(seq(Yt[i],i=1..N));[5]
	``
	
	Graphische Darstellung des Spektrums
	``
	>plot_data:= seq([(i-1)*2*Pi/T,
	                2*sqrt((Xt[i]^2+ Yt[i]^2)/N)],
	                                        i=1..N/2):
	>plot([plot_data], color=red, labels=[`w`,``]);
	``
	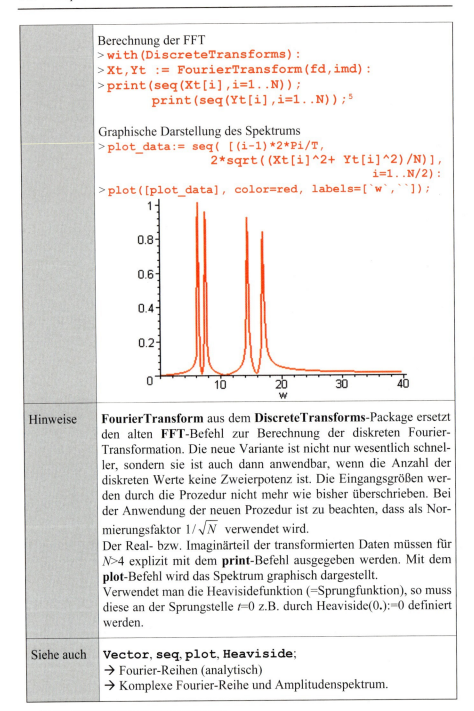

Hinweise	**FourierTransform** aus dem **DiscreteTransforms**-Package ersetzt den alten **FFT**-Befehl zur Berechnung der diskreten Fourier-Transformation. Die neue Variante ist nicht nur wesentlich schneller, sondern sie ist auch dann anwendbar, wenn die Anzahl der diskreten Werte keine Zweierpotenz ist. Die Eingangsgrößen werden durch die Prozedur nicht mehr wie bisher überschrieben. Bei der Anwendung der neuen Prozedur ist zu beachten, dass als Normierungsfaktor $1/\sqrt{N}$ verwendet wird. Der Real- bzw. Imaginärteil der transformierten Daten müssen für *N*>4 explizit mit dem **print**-Befehl ausgegeben werden. Mit dem **plot**-Befehl wird das Spektrum graphisch dargestellt. Verwendet man die Heavisidefunktion (=Sprungfunktion), so muss diese an der Sprungstelle *t*=0 z.B. durch Heaviside(0.):=0 definiert werden.
Siehe auch	**Vector**, **seq**, **plot**, **Heaviside**; → Fourier-Reihen (analytisch) → Komplexe Fourier-Reihe und Amplitudenspektrum.

---

[5] Auf die Ausgabe der Daten wird aufgrund von Platzgründen verzichtet.

Kapitel 17: Integraltransformationen

Die Laplace-Transformation bzw. die inverse Laplace-Transformation werden mit dem Befehl **laplace** bzw. **invlaplace** realisiert; die Integrale zur Fourier-Transformation entsprechend durch **fourier** und **invfourier**. Die Befehle befinden sich im Package **inttrans** (**In**tegral**trans**formationen), das durch **with(inttrans)** geladen wird. Zum Lösen von Differentialgleichungen mit Hilfe einer Integraltransformation wird eine Maple-Befehlsfolge vorgestellt, die zusätzlich im Wesentlichen noch den **diff**- und **solve**-Befehl benötigt. In diesem Kapitel gehen wir generell von Funktionen f in der Variablen *t* aus und führen als Variable der Laplace-Transformierten *s* bzw. der Fourier-Transformierten ω ein.

17.1 Laplace-Transformation

laplace	
Problem	Gesucht ist die Laplace-Transformierte eines Ausdrucks f(*t*) $$\int_0^\infty f(t)\, e^{(-s\,t)}\, dt$$
Befehl	`laplace(f(t), t, s);`
Parameter	*f(t):* Ausdruck in *t* *t:* Unabhängige Variable von f *s:* Variable der Transformierten

Beispiel	$f(t) = e^{-5t}$
	 `> with(inttrans):`
	 `> f(t):= exp(-5*t):`
	 `> laplace(f(t), t, s);`
	 $$\frac{1}{s+5}$$

Hinweise	Vor dem Aufruf muss der Befehl des Package **inttrans** (**In**tegral**trans**formationen) mit **with(inttrans)** geladen werden.
Siehe auch	`invlaplace, fourier`; → Inverse Laplace-Transformation → Fourier-Transformation.

17.2 Inverse Laplace-Transformation

invlaplace	
Problem	Gegeben ist eine Transformierte F(s). Gesucht ist die inverse Laplace-Transformierte f(t) mit $$L(f(t))(s) = F(s)$$
Befehl	`invlaplace(F(s), s, t);`
Parameter	*F(s):* Transformierte in *s* *s :* Unabhängige Variable der Transformierten *t:* Variable der Rücktransformierten

Beispiel	$$F(s) = \frac{1}{s^2 + a}$$
	
	 ``
	> with(inttrans):
	> F(s):=1/(s^2+a):
	> invlaplace(F(s),s, t);
	`` $$\frac{\sin(\sqrt{a}\ t)}{\sqrt{a}}$$

Hinweise	Vor dem Aufruf muss der Befehl des Package **inttrans** (**Integraltrans**formationen) mit **with(inttrans)** geladen werden. Prinzipiell kann die Laplace-Transformierte F(s) Parameter enthalten. Für einfache Funktionen ist Maple in der Lage, die zugehörige Zeitfunktion mit diesen Parametern zu bestimmen. Bei komplizierteren Funktionen F(s) müssen gegebenenfalls Annahmen wie z.B. **assume(a>0)** über die Parameter vereinbart werden.
Siehe auch	`laplace, fourier, assume, assuming;` → Laplace-Transformation → Fourier-Transformation.

17.3 Lösen von DG mit der Laplace-Transformation

Problem	Gesucht ist die Lösung einer linearen Differentialgleichung (mit Anfangsbedingung) mit Hilfe der Laplace-Transformation.
Befehl	Maple-Befehlsfolge
Parameter	-
Beispiel	Gesucht ist die Lösung der DG $$y''(t) - y(t) = t\sin(t).$$ 1. Schritt: Anwenden der LT auf die DG: `> with(inttrans):` `> DG := diff(y(t), t$2)-y(t)=t*sin(t);` $$DG := \left(\frac{d^2}{dt^2} y(t)\right) - y(t) = t\sin(t)$$ `> laplace(DG, t, s);` $$s^2\, \text{laplace}(y(t), t, s) - D(y)(0) - s\, y(0) - \text{laplace}(y(t), t, s) = \frac{2s}{(s^2+1)^2}$$ 2. Schritt: Auflösen der Gleichung nach F(s) `> solve( % , laplace(y(t), t, s));` $$\frac{y(0)s^5 + D(y)(0)s^4 + 2y(0)s^3 + 2D(y)(0)s^2 + s\,y(0) + D(y)(0) + 2s}{(s^2+1)^2 (s^2-1)}$$ 3. Schritt: Die Rücktransformation liefert als Lösung `> invlaplace( %, s, t);` $$-\frac{1}{2} t\sin(t) - \frac{1}{2}\cos(t) + D(y)(0)\sinh(t) + \frac{1}{2}\cosh(t)(2y(0)+1)$$
Hinweise	Die Anfangsbedingungen können vor dem Transformieren spezifiziert werden; D(y)(0) bedeutet $y'(0)$. Die Darstellung der transformierten DG kann vereinfacht werden, indem man mit dem **alias**-Befehl **laplace**($y(t), t, s$) z.B. durch $Y(s)$ ersetzt: `> alias(Y(s)=laplace(y(t),t,s)):`
Siehe auch	`laplace`, `invlaplace`, `diff`, `solve`; → Lösen von DG mit der Fourier-Transformation → Analytisches Lösen.

17.4 Fourier-Transformation

fourier	
Problem	Gesucht ist die Fourier-Transformierte eines Ausdrucks f(t) $$\int_{-\infty}^{\infty} f(t)\, e^{(-i\omega t)}\, dt$$
Befehl	**fourier**(f(t), t, w);
Parameter	*f(t):* Ausdruck in *t* *t:* Unabhängige Variable von f *w:* Variable der Transformierten

Beispiele	$f(t) = e^{-5t}\, S(t)$
	
	 ```> with(inttrans):```
	 ```> f(t):= exp(-5*t)*Heaviside(t):```
	 ```> F(w):= fourier(f(t), t, w);```
	 $$F(w) := \frac{1}{5 + Iw}$$
	 ```> plot(abs(F(w)), w=-20..20);```

Hinweise	Vor dem Aufruf muss der Befehl des Package **inttrans** (Integral-**trans**formationen) mit **with(inttrans)** geladen werden. Im obigen Beispiel bezeichnet **Heaviside** die Sprungfunktion; für negative Argumente ist sie Null, für positive Argumente hat sie den Funktionswert 1. Die Transformierte ist in der Regel eine komplexwertige Funktion. Somit kann sie nicht direkt graphisch dargestellt werden, sondern nur der Betrag **abs(F(w))** oder die Phase **argument(F(w))**. Der Betrag entspricht dem Amplituden- und die Phase dem Phasenspektrum.
Siehe auch	**invfourier, Dirac, laplace, Heaviside;** → Inverse Laplace-Transformation → Laplace-Transformation.

17.5 Inverse Fourier-Transformation

invfourier	
Problem	Gesucht ist die inverse Fourier-Transformierte einer Spektralfunktion F(ω) in der Variablen ω. $$\int_{-\infty}^{\infty} F(\omega)\, e^{(i\omega t)}\, d\omega$$
Befehl	`invfourier(F(w), w, t);`
Parameter	*F(w):* Spektralfunktion in w *w :* Unabhängige Variable *t:* Variable der Rücktransformierten

Beispiel	$$F(w) = \frac{4}{2 + 3\,I\,w}$$
	`> with(inttrans):`
	`> F(w) := 4/(2+3*I*w):`
	`> f(t):=invfourier(F(w), w, t);`
	$$f(t) := \frac{4}{3} e^{-2/3\,t}\ \text{Heaviside}(t)$$
	`> plot(f(t), t=-4..10);`

Hinweise	Vor dem Aufruf muss der Befehl des Package **inttrans** (**Integral**trans**formationen) mit **with(inttrans)** geladen werden. Prinzipiell kann die Fourier-Transformierte F(ω) Parameter enthalten. Für einfache Funktionen ist Maple in der Lage, die zugehörige Zeitfunktion mit diesen Parametern zu bestimmen. Bei komplizierteren Funktionen F(ω) müssen gegebenenfalls Annahmen wie z.B. **assume(a>0)** über die Parameter vereinbart werden.
Siehe auch	`fourier`, `Heaviside`; → Inverse Laplace-Transformation → Fourier-Transformation.

17.6 Lösen von DG mit der Fourier-Transformation

Problem	Gesucht ist eine *partikuläre* Lösung einer linearen Differentialgleichung mit Hilfe der Fourier-Transformation.
Befehl	Maple-Befehlsfolge
Parameter	-

Beispiel	Gesucht ist eine *partikuläre* Lösung der DG y"(t) - y(t) = t sin(t).
	
	 1. Schritt: Anwenden der FT auf die DG:
	 `> with(inttrans):`
	 `> DG := diff(y(t), t$2)-y(t)=t*sin(t);`
	 $$DG := \left(\frac{d^2}{dt^2} y(t)\right) - y(t) = t \sin(t)$$
	 `> fourier(DG, t, w);`
	 $-\text{fourier}(y(t), t, w)(w^2 + 1) = \pi(-\text{Dirac}(1, w+1) + \text{Dirac}(1, w-1))$
	
	 2. Schritt: Auflösen der Gleichung nach F(w)
	 `> solve( % , fourier(y(t), t, w));`
	 $$\frac{\pi(\text{Dirac}(1, w+1) - \text{Dirac}(1, w-1))}{w^2 + 1}$$
	 3. Schritt: Die Rücktransformation liefert als Lösung
	 `> invfourier( %, w, t):`
	 `> simplify(evalc( % ));`
	 $$-\frac{1}{2} t \sin(t) - \frac{1}{2} \cos(t)$$

Hinweise	Im Gegensatz zum **dsolve**-Befehl wird mit der FT nur eine *partikuläre* Lösung der DG berechnet, und zwar genau die Lösung mit verschwindenden Anfangsbedingungen. Für die Berücksichtigung nicht trivialer Anfangsbedingungen muss noch die homogene Lösung hinzuaddiert werden. Die Darstellung der transformierten DG kann vereinfacht werden, indem man mit dem **alias**-Befehl **fourier**(y(t), t, w) z.B. durch Y(w) ersetzt: `> alias(Y(w)=fourier(y(t),t,s)):` Die im obigen Beispiel nach der Transformation auftretende Funktion *Dirac* ist die Delta- bzw. Dirac-Distribution.
Siehe auch	`fourier, invfourier, diff, solve`; → Analytisches Lösen → Lösen von DG mit der Laplace-Transformation.

Kapitel 18: Gewöhnliche Differentialgleichungen 1. Ordnung

Kapitel 18 behandelt das Lösen von gewöhnlichen Differentialgleichungen 1. Ordnung. Der **dsolve**-Befehl bestimmt – falls möglich – eine geschlossen darstellbare (im Folgenden analytisch genannte) Lösung der DG mit oder ohne Anfangsbedingung. Dabei dürfen in der DG Parameter enthalten sein. Mit der Option *numeric* des **dsolve**-Befehls wird eine DG numerisch gelöst. Dabei ist dann zu beachten, dass weder in der DG noch in der Anfangsbedingung unbekannte Parameter enthalten sind.

Obwohl sowohl das analytische als auch das numerische Lösen einer DG mit dem **dsolve**-Befehl erfolgt, ist die jeweilige Ausgabe grundlegend unterschiedlich: Beim analytischen Lösen ist das Ergebnis eine Gleichung für y(x) der Form y(x)=... . Mit dem **plot**-Befehl stellt man anschließend die rechte Seite dieser Gleichung, **rhs**(%), graphisch dar, sofern alle Parameter und die Anfangsbedingung als Zahlenwerte vorliegen. Alternativ wandelt man mit **assign**(%) die Gleichung für y(x) in eine Zuweisung um und arbeitet dann mit y(x) weiter.

Wird der **dsolve**-Befehl allerdings mit der Option *numeric* verwendet, ist das Ergebnis eine Prozedur *F:=proc() ... end proc,* welche eine Liste bestehend aus Listen mit Zeitpunkt und Funktionswert liefert. Mit dem **odeplot**-Befehl wird diese Liste gezeichnet.

Sehr umfangreich ist der neue, interaktive **DE Solver**. Um ihn zu verwenden definiert man die zu lösende DG, klickt mit der rechten Maustaste auf die Maple-Ausgabe und folgt der Menü-Führung
Solve DE Interactively
In diesem Menü können Anfangsbedingungen oder Parameter spezifiziert werden. Man entscheidet, ob die DG numerisch oder analytisch gelöst werden soll und erhält dann entsprechend der Wahl ein weiteres Menü, bei dem man Optionen zur Lösungen spezifizieren kann. Man entscheidet, ob die Maple-Befehle angezeigt werden sollen und welche Ausgabe man im Worksheet haben möchte (Plot/ Solution/ MapleCommand) bzw. (Plot/ NumericProcedure/ MapleCommand) im Falle der numerischen Variante.

Bei der numerischen Behandlung von Differentialgleichungen ist zu beachten, dass Maple standardmäßig mit 10 Stellen rechnet. Durch die Angabe **Digits**:=*n* wird die Darstellung der Zahlen und die Genauigkeit der Rechnung auf *n* Stellen erhöht.

18.1 Richtungsfelder

DEplot	
Problem	Gesucht ist das Richtungsfeld, das zu einer Differentialgleichung 1. Ordnung gehört: $$y'(x) = f(x, y(x))$$
Befehl	**DEplot** (DG, y(x), x=a..b, y(x)=c..d);
Parameter	*DG:* Differentialgleichung *y(x):* Funktionsname *x=a..b:* x-Bereich der Graphik *y=c..d:* y-Bereich der Graphik

Beispiel	$$\frac{d}{dx}y(x) = -y(x) + 1$$
	`> DG := diff(y(x),x) = -y(x)+1:`
	`> with(DEtools):`
	`> DEplot(DG, y(x), x=1..10, y=0..2);` [6]
	`> DEplot(DG, y(x), x=4..10, y=0..1.5,`
	`            [[y(4)=0]], stepsize=0.3);`

Hinweise	Durch die Option [[y(x0)=y0]] wird die Darstellung des Richtungsfeldes zusammen mit der Lösung zum Anfangswert $y(x_0)=y_0$ angegeben. Die Lösung wird durch das Euler-Verfahren konstruiert. Der **DEplot**-Befehl ist im **DEtools**-Package enthalten, das durch **with(DEtools)** geladen wird.
Siehe auch	**diff**, **dsolve**; → Analytisches Lösen → Numerisches Lösen.

---

[6] Auf die Ausgabe der Graphik wird aufgrund von Platzgründen verzichtet.

18.2 Analytisches Lösen

dsolve	
Problem	Gesucht ist die allgemeine Lösung der DG 1. Ordnung $$y'(x) = f(x, y(x))$$
Befehl	`dsolve( DG, y(x));`
Parameter	*DG:* Differentialgleichung *y(x):* Gesuchte Funktion

Beispiel	$$\frac{d}{dx} y(x) = -k\, y(x)^2$$ Lösen der DG
	`> DG := diff(y(x),x) = -k*y(x)^2:`
	`> dsolve(DG, y(x));`
	$$y(x) = \frac{1}{k\,x + \_C1}$$ Lösen der DG mit der Anfangsbedingung y(4)=1
	`> dsolve({DG, y(4)=1},y(x));`
	$$y(x) = \frac{1}{k\,x + 1 - 4\,k}$$

Optionale Parameter	> **dsolve**({DG, y(x0)=y0}, y(x)); Lösung mit Anfangsbedingung. > **dsolve**({DG, y(x0)=y0}, y(x), *method=laplace*); Lösen der DG mit Anfangsbedingung durch die Laplace-Transformation. > **dsolve**({DG, y(x0)=y0}, y(x), *numeric*); numerisches Lösen der DG mit Anfangsbedingung. > **dsolve**({DG, y(x0)=y0}, y(x), *explicit*); Auflösen nach der Lösung, falls sie implizit bestimmt wurde.
Hinweise	Wird als Problem nur eine DG ohne Anfangsbedingung gestellt, enthält die Lösung einen freien Parameter, den Maple mit _C1 einführt. Soll die DG mit Anfangsbedingung $y(x_0)=y_0$ gelöst werden, so verwendet man die Erweiterung des **dsolve**-Befehls. Mit dem **plot**-Befehl stellt man die rechte Seite der Lösung **rhs**(%) graphisch dar, sofern alle Parameter als Zahlenwerte vorliegen. Um mit dem Ergebnis weiter zu rechnen, muss die rechte Seite der Gleichung y(x) erst als formaler Ausdruck durch **assign** zugeordnet werden.
Siehe auch	`diff, DEplot;` → Numerisches Lösen.

18.3 Numerisches Lösen

dsolve	
Problem	Gesucht ist die numerische Lösung der DG 1. Ordnung $$y'(x) = f(x, y(x))$$ mit der Anfangsbedingung $y(x_0) = y_0$ und deren Darstellung.
Befehle	F:=**dsolve**({DG, init}, y(x), numeric); **odeplot**(F, [x,y(x)], a..b);
Parameter	*DG:* Differentialgleichung *init:* Anfangsbedingung $y(x_0)=y_0$ *y(x):* Gesuchte Funktion *numeric:* Numerische Lösung der DG *a..b:* x-Bereich der graphischen Darstellung

Beispiel	$$\frac{d}{dx} y(x) = -\frac{r^2 \sqrt{2 g y(x)}}{R^2}$$ `> DG:=diff(y(x),x)=-r^2/R^2*sqrt(2*g*y(x)):`
	`> g:=9.81: R:=0.1: r:=0.01:`
	`> F:=dsolve({DG,y(0)=1}, y(x), numeric);`
	        $F := \text{proc } (rkf45\_x) \ldots \text{ end proc}$
	`> F(2.5);`
	        $[x = 2.5, y(x) = .892329452021270342]$
	`> with(plots):`
	`> odeplot(F, [x,y(x)], 0..50);` [7]

Hinweise	Das Ergebnis von **dsolve** bei der Option *numeric* ist eine Prozedur F:=**proc**(*rkf45_x*) ... **end proc**, welche zu einem vorgegebenen Zeitpunkt *t* eine Liste von Zeitpunkt und Funktionswert liefert. Mit dem **odeplot**-Befehl wird die Liste der Wertepaare gezeichnet. **odeplot** ist im **plots**-Package enthalten. Man beachte, dass beim numerischen Lösen der DG weder in der DG noch in der Anfangsbedingung unbekannte Parameter enthalten sein dürfen. Es ist auch möglich DG höherer Ordnung zu lösen. Bei einer DG 2.Ordnung enthält die Liste auch die erste Ableitung.
Siehe auch	`diff`, `odeplot`; → Numerisches Lösen mit dem Euler-Verfahren.

---

[7] Auf die Ausgabe der Graphik wird aufgrund von Platzgründen verzichtet.

18.4 Numerisches Lösen mit dem Euler-Verfahren

Euler	
Problem	Gesucht ist die numerische Lösung der DG 1. Ordnung $$y'(x) = f(x, y(x))$$ mit der Anfangsbedingung $y(x_0) = y_0$ durch das Euler-Verfahren.
Befehl	**Euler**(DG, y(x), x=a..b, y(x0)=y0, N);
Parameter	*DG:* Differentialgleichung *y(x):* Gesuchte Funktion *x=a..b:* x-Bereich für die Lösung *y(x0)=y0:* Anfangsbedingung *N:* Anzahl der Zwischenschritte
| Beispiel | $y'(x) + y(x) = \sin(x)$    mit    $y(0)=0$:<br><br>```
> DG := diff(y(x),x)+y(x)=sin(x):
> Euler(DG, y(x), x=0..10, y(0)=0, N=30);
```<br><br>*Euler-Verfahren* Plot der Lösung im Bereich x=0..10 mit Werten zwischen ca. -0.8 und 0.8. |
| Hinweise | Die Prozedur **Euler** ist kein Maple-interner Befehl und daher dem System beim Öffnen des Worksheets nicht bekannt. Im zugehörigen Worksheet muss diese Prozedur vor dem erstmaligen Aufruf definiert werden. Dies erfolgt, indem man im Worksheet den Kursor an einer Stelle der Prozedur setzt und die Return-Taste betätigt. Man kann Prozeduren mit **save** auch abspeichern und mit **read** wieder einlesen. |
| Siehe auch | `diff`, `dsolve`, `DEplot`; → Analytisches Lösen
→ Numerisches Lösen mit dem Prädiktor-Korrektor-Verfahren
→ Numerisches Lösen mit dem Runge-Kutta-Verfahren. |
```

18.5 Numerisches Lösen mit dem Prädiktor-Korrektor-Verfahren

PraeKorr	
Problem	Gesucht ist die numerische Lösung des Anfangswertproblems $$y'(x) = f(x, y(x)) \quad \text{mit} \quad y(x_0) = y_0$$ durch das Prädiktor-Korrektor-Verfahren.
Befehl	**PraeKorr**(DG, y(x), x=a..b, y(x0)=y0, N);
Parameter	*DG:* Differentialgleichung *y(x):* Gesuchte Funktion *x=a..b:* *x*-Bereich für die Lösung *y(x0)=y0:* Anfangsbedingung *N:* Anzahl der Zwischenschritte

Beispiel	$\frac{d}{dx} y(x) = -y(x) \sin(x)$ mit y(0)=1:
	`> DG := diff(y(x),x)=-y(x)*sin(x):`
	`> PraeKorr(DG, y(x), x=0..10, y(0)=1, N=30);`

Hinweise	Die Prozedur **PraeKorr** ist kein Maple-interner Befehl und daher dem System beim Öffnen des Worksheets nicht bekannt. Im zugehörigen Worksheet muss diese Prozedur vor dem erstmaligen Aufruf definiert werden. Dies erfolgt, indem man im Worksheet den Kursor an einer Stelle der Prozedur setzt und die Return-Taste betätigt. Man kann Prozeduren mit **save** auch abspeichern und mit **read** wieder einlesen.
Siehe auch	`diff`, `dsolve`, `DEplot`; → Analytisches Lösen → Numerisches Lösen mit dem Euler-Verfahren → Numerisches Lösen mit dem Runge-Kutta-Verfahren.

18.6 Numerisches Lösen mit dem Runge-Kutta-Verfahren

RuKu	
Problem	Gesucht ist die numerische Lösung des Anfangswertproblems $$y'(x) = f(x, y(x)) \quad \text{mit} \quad y(x_0) = y_0$$ durch das Runge-Kutta-Verfahren 4. Ordnung.
Befehl	**RuKu**(DG, y(x), x=a..b, y(x0)=y0, N);
Parameter	*DG:* Differentialgleichung *y(x):* Gesuchte Funktion *x=a..b:* *x*-Bereich für die Lösung *y(x0)=y0:* Anfangsbedingung *N:* Anzahl der Zwischenschritte

Beispiel	$\frac{d}{dx} y(x) = -y(x) \sin(x) \quad \text{mit} \quad y(0)=0$:
	`> DG := diff(y(x),x)=-y(x)*sin(x);`
	`> RuKu(DG, y(x), x=0..10, y(0)=1, N=30);`

Hinweise	Die Prozedur **RuKu** ist kein Maple-interner Befehl und daher dem System beim Öffnen des Worksheets nicht bekannt. Im zugehörigen Worksheet muss diese Prozedur vor dem erstmaligen Aufruf definiert werden. Dies erfolgt, indem man im Worksheet den Kursor an einer Stelle der Prozedur setzt und die Return-Taste betätigt. Man kann Prozeduren mit **save** auch abspeichern und mit **read** wieder einlesen.
Siehe auch	`diff`, `dsolve`, `DEplot`; → Analytisches Lösen → Numerisches Lösen mit dem Euler-Verfahren → Numerisches Lösen mit dem Prädiktor-Korrektor-Verfahren.

Kapitel 19: Gewöhnliche Differentialgleichungs-Systeme

In Kapitel 19 werden Differentialgleichungs-Systeme 1. Ordnung mit **dsolve** gelöst. Für die numerische Bestimmung der Lösung verwendet man wieder die Option *numeric*. Für kompliziertere DG-Systeme empfiehlt es sich immer mit der Option *numeric* zu arbeiten oder das System wie in Kapitel 19.3 beschrieben mit dem Euler-Verfahren zu lösen. Denn selbst lineare DG-Systeme mit mehr als drei Gleichungen besitzen in der Regel keine explizit darstellbare Lösung! Beim numerischen Lösen ist darauf zu achten, dass alle Anfangsbedingungen und Parameter als Zahlenwerte vorliegen. Die Hinweise, die bei der Einleitung von Kapitel 18 angegeben sind, gelten auch für dieses Kapitel.

19.1 Analytisches Lösen von DGS 1. Ordnung

dsolve	
Problem	Gesucht ist die allgemeine Lösung von Differentialgleichungs-Systemen 1. Ordnung $$\frac{d}{dx} y_1(x) = f_1(y_1(x), ..., y_n(x))$$ $$...$$ $$\frac{d}{dx} y_n(x) = f_n(y_1(x), ..., y_n(x))$$
Befehl	`dsolve(` [DG1, ..., DGn], [y1(x), ..., yn(x)]);
Parameter	*[DG1, ..., DGn]:* Liste der Differentialgleichungen *[y1(x), ..., yn(x)]:* Liste der gesuchten Funktionen

Beispiel	$$\frac{d}{dt} v_x(t) = -w\, v_y(t) - E_x$$ $$\frac{d}{dt} v_y(t) = w\, v_x(t) - E_y$$ $$\frac{d}{dt} v_z(t) = -E_z$$ ```
> DG1 := diff(vx(t),t) = -w*vy(t) - Ex:
> DG2 := diff(vy(t),t) = +w*vx(t) - Ey:
> DG3 := diff(vz(t),t) =   - Ez:
> dsolve([DG1,DG2,DG3], [vx(t),vy(t),vz(t)]);
`` $$\left\{ vx(t) = \frac{Ey + \_C2 \sin(w\,t)\,w + \_C3 \cos(w\,t)\,w}{w},\ vz(t) = -Ez\,t + \_C1, \right.$$ $$\left. vy(t) = -\frac{\_C2 \cos(w\,t)\,w - \_C3 \sin(w\,t)\,w + Ex}{w} \right\}$$
Optionale Parameter	> **dsolve**([DG1, ..., DGn, *init*], [y1(x), ..., yn(x)]); Lösen der DGs mit Anfangsbedingungen. > **dsolve**([DG1,..., DGn, init], [y1(x), ..., yn(x)], *method=laplace*); Lösen der DGs mit Anfangsbedingungen durch die Laplace-Transformation. > **dsolve**([DG1, ..., DGn, init], [y1(x), ..., yn(x)], *numeric*); numerisches Lösen der DGs mit Anfangsbedingungen.
Hinweise	Werden als Problem nur DG ohne Anfangsbedingungen gestellt, enthält die Lösung freie Parameter, die Maple mit _C1, ..., _Cn einführt. Sollen die DG mit Anfangsbedingungen *init* gelöst werden, so verwendet man die Erweiterung des **dsolve**-Befehls. Bei komplizierteren DGs empfiehlt es sich, den **dsolve**-Befehl mit der Option *numeric* zu verwenden bzw. das System mit dem Euler-Verfahren zu lösen. Denn selbst lineare DG Systeme mit mehr als 3 Gleichungen besitzen in der Regel keine geschlossen darstellbare Lösung! Man beachte, dass das Ergebnis des **dsolve**-Befehls eine Gleichung ist, in der die rechte Seite nicht y(x) zugewiesen wird. Um mit dem Ergebnis weiter zu rechnen, muss die rechte Seite der Gleichung y(x) erst als formaler Ausdruck durch **assign** zugeordnet werden.
Siehe auch	`diff`, `DEplot`; → Numerisches Lösen.
```

19.2 Numerisches Lösen von DGS 1. Ordnung

dsolve	
Problem	Gesucht ist die numerische Lösung von Differentialgleichungs-Systemen 1. Ordnung $$\frac{d}{dx} y_1(x) = f_1(y_1(x), ..., y_n(x))$$ $$...$$ $$\frac{d}{dx} y_n(x) = f_n(y_1(x), ..., y_n(x))$$ mit den Anfangsbedingungen $y_1(0)=y_{10}, ..., y_n(0)=y_{n0}$.
Befehl	**dsolve**([DG1, ..., DGn, init], [y1(x), ..., yn(x)], *numeric*);
Parameter	*[DG1, ..., DGn, init]:* Liste der DG mit Anfangsbedingungen *init:* Anfangsbedingungen der Form *y1(0)=y10, ..., yn(0)=yn0* *[y1(x), ..., yn(x)]:* Liste der gesuchten Funktionen

Beispiel	$$\frac{d}{dt} v_x(t) = -w\, v_y(t) - E_x$$ $$\frac{d}{dt} v_y(t) = w\, v_x(t) - E_y$$ $$\frac{d}{dt} v_z(t) = -E_z$$
	`> DG1 := diff(vx(t),t) = -w*vy(t) - Ex:`
	`> DG2 := diff(vy(t),t) = +w*vx(t) - Ey:`
	`> DG3 := diff(vz(t),t) =    - Ez:`
	
	`> w:=1.: Ex:=10.: Ey:=4.: Ez:=1.:`
	`> init:= vx(0)=1., vy(0)=0., vz(0)=0.:`
	`> F:=dsolve([DG1,DG2,DG3, init],`
	`           [vx(t),vy(t),vz(t)], numeric);`
	        $F := \text{proc } (rkf45\_x) \; ... \; \text{end proc}$
	
	`> F(1.);`
	    $[\,t=1., \text{vx}(t) = -6.03561678095261023$
	        $\text{vy}(t) = -7.12138989039603221\;, \text{vz}(t) = -1.\,]$

```
> with(plots):
> odeplot(F,[t,vx(t)],0..50, numpoints=200);
```

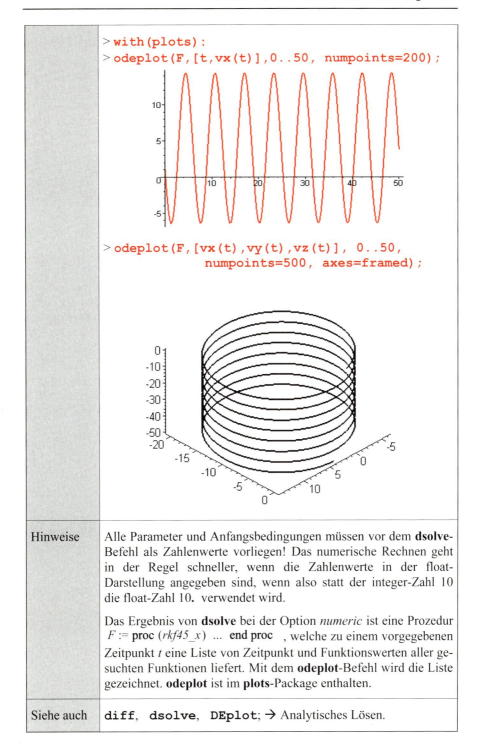

```
> odeplot(F,[vx(t),vy(t),vz(t)], 0..50,
           numpoints=500, axes=framed);
```

Hinweise	Alle Parameter und Anfangsbedingungen müssen vor dem **dsolve**-Befehl als Zahlenwerte vorliegen! Das numerische Rechnen geht in der Regel schneller, wenn die Zahlenwerte in der float-Darstellung angegeben sind, wenn also statt der integer-Zahl 10 die float-Zahl 10. verwendet wird.
	Das Ergebnis von **dsolve** bei der Option *numeric* ist eine Prozedur $F := \mathbf{proc}\ (\mathit{rkf45\_x})\ \dots\ \mathbf{end\ proc}$, welche zu einem vorgegebenen Zeitpunkt *t* eine Liste von Zeitpunkt und Funktionswerten aller gesuchten Funktionen liefert. Mit dem **odeplot**-Befehl wird die Liste gezeichnet. **odeplot** ist im **plots**-Package enthalten.
Siehe auch	`diff`, `dsolve`, `DEplot`; → Analytisches Lösen.

19.3 Numerisches Lösen von DGS 1. Ordnung mit dem Euler-Verfahren

Problem	Gesucht ist die numerische Lösung von Differentialgleichungs-Systemen 1. Ordnung $$\frac{d}{dx}y_1(x) = f_1(y_1(x), ..., y_n(x))$$ $$...$$ $$\frac{d}{dx}y_n(x) = f_n(y_1(x), ..., y_n(x))$$ mit dem Euler-Verfahren.
Befehl	Maple-Befehlsfolge
Parameter	$dy1$ entspricht im Folgenden der Ableitung $\frac{d}{dt}y_1(t)$, ..., dyn entspricht im Folgenden der Ableitung $\frac{d}{dt}y_n(t)$.
Beispiel	$$\frac{d}{dt}v_x(t) = -w\,v_y(t) - E_x$$ $$\frac{d}{dt}v_y(t) = w\,v_x(t) - E_y$$ $$\frac{d}{dt}v_z(t) = -E_z$$ ```
> dvx := -w*vy - Ex:
> dvy := +w*vx - Ey:
> dvz :=   - Ez:
``` Die Parameter und die Anfangsbedingungen werden festgelegt ```
> w:=1.: Ex:=10.: Ey:=4.: Ez:=1.:
> vx:=1.: vy:=0.: vz:=0.:
``` Lösen der DG mit dem **Euler-Verfahren** ```
> N:=200: T:=30.: dt:=T/N:
> t:=0:
> datax[1]:=vx: datay[1]:=vy: dataz[1]:=vz:
> for i from 2 to N
``
```

```
> do
>   vx := vx + dt*dvx:
>   vy := vy + dt*dvy:
>   vz := vz + dt*dvz:
>   t:=t+dt:
>   datax[i]:=vx:        #Lösung vx
>   datay[i]:=vy:        #Lösung vy
>   dataz[i]:=vz:        #Lösung vz
> end do:
```

Darstellen der Lösung v_y mit dem **plot**-Befehl[8]
```
> plot([seq([n*dt,datay[n]],n=1..N)]);
```

Darstellen der Lösung mit dem **spacecurve**-Befehl
```
> with(plots):
> spacecurve([seq([datax[n], datay[n],
                  dataz[n]],n=1..N)],
              axes=framed,thickness=3);
```

Hinweise	Alle Parameter und Anfangsbedingungen müssen als Zahlenwerte vorliegen! Das numerische Rechnen geht in der Regel schneller, wenn die Zahlenwerte in der float-Darstellung angegeben sind, wenn also statt der integer-Zahl 10 die float-Zahl 10. verwendet wird. Durch die Angabe **Digits**:=n wird die Genauigkeit der Rechnung auf n Stellen erhöht. Standardmäßig wird mit 10 Stellen gerechnet.
Siehe auch	**diff**, **dsolve**, **DEplot**; → Analytisches Lösen → Numerisches Lösen mit dem Euler-Verfahren.

---

[8] Auf die Ausgabe der Graphik wurde verzichtet.

Kapitel 20: Gewöhnliche Differentialgleichungen *n*-ter Ordnung

Differentialgleichungen *n*-ter Ordnung werden ebenfalls mit dem **dsolve**-Befehl gelöst. Die Option *numeric* bewirkt eine numerische Bestimmung der Lösung, wenn alle Anfangsbedingungen und Parameter als Zahlenwerte vorliegen. Für die Angabe von Anfangsbedingungen der Form $y^{(k)}(x_0)$ muss die *k*-te Ableitung mit dem **D**-Operator durch (D@@k)(y)(x_0) spezifiziert werden.

Sehr umfangreich ist der neue, interaktive **DE Solver**. Um ihn zu verwenden definiert man die zu lösende DG, klickt mit der rechten Maustaste auf die Maple-Ausgabe und folgt der Menü-Führung
Solve DE Interactively
In diesem Menü können Anfangsbedingungen oder Parameter einfach spezifiziert werden. Wie bei DG 1. Ordnung entscheidet man, ob die DG numerisch oder analytisch gelöst werden soll und erhält dann entsprechend der Wahl ein weiteres Menü zur Spezifikation der Optionen.

20.1 Analytisches Lösen

dsolve	
Problem	Gesucht ist die allgemeine Lösung der Differentialgleichung *n*-ter Ordnung $$y^{(n)}(x) = f(x, y(x), y'(x), ..., y^{(n-1)}(x))$$
Befehl	**dsolve**(DG, y(x));
Parameter	*DG:* Differentialgleichung *y(x):* Gesuchte Funktion

Beispiel	$$\left(\frac{d^2}{dx^2}y(x)\right) + 4\left(\frac{d}{dx}y(x)\right) + 4\,y(x) = \sin(w\,x)$$
	`> DG := diff(y(x),x$2) + 4*diff(y(x),x) + 4*y(x) = sin(w*x):`
	`> dsolve(DG, y(x));`
	 $$y(x) = -\frac{4w\cos(wx) - 4\sin(wx) + \sin(wx)\,w^2}{(4+w^2)^2} + \_C1\,e^{(-2x)} + \_C2\,e^{(-2x)}\,x$$

```
> init:= y(0)=0, D(y)(0)=1:
> dsolve({DG,init}, y(x));
```

$$y(x) = -\frac{4\cos(wx)w - 4\sin(wx) + \sin(wx)w^2}{(4+w^2)^2}$$
$$+ \frac{4we^{(-2x)}}{16 + 8w^2 + w^4} + \frac{(w^2 + w + 4)e^{(-2x)}x}{4+w^2}$$

```
> assign(%):
> w:=1: plot(y(x),x=0..15, thickness=2);
```

Optionale Parameter	> **dsolve**({DG, y(x0)=y00, D(y)(x0)=y10,.., (D@@k)(y)(x0) = yk0}, y(x)); Lösen der DG mit Anfangsbedingungen.
	> **dsolve**({DG, init}, y(x), *method=laplace*); Lösen der DG mit Anfangsbedingungen *init* durch die Laplace-Transformation.
	> **dsolve**({DG, init}, y(x), *numeric*); numerisches Lösen der DG mit Anfangsbedingungen *init*.
Hinweise	Wird als Problem nur eine DG ohne Anfangsbedingung gestellt, enthält die Lösung freie Parameter, die Maple mit *_C1*, *_C2* usw. einführt. Soll die DG mit Anfangsbedingung y(x0)=y00, D(y)(x0)=y10,..., (D@@k)(y)(x0)=yk0 gelöst werden, so verwendet man die Erweiterung des **dsolve**-Befehls, wobei die *k*-ten Ableitungen mit dem **D**-Befehl spezifiziert werden.
	Man beachte, dass das Ergebnis des **dsolve**-Befehls eine Gleichung ist, in der die rechte Seite nicht y(x) zugewiesen wird. Um mit dem Ergebnis weiter zu rechnen, muss die rechte Seite der Gleichung y(x) erst als formaler Ausdruck durch **assign** zugeordnet werden.
Siehe auch	**diff**, **DEplot**, **D**; → Numerisches Lösen.

20.2 Numerisches Lösen

dsolve **odeplot**	
Problem	Gesucht ist die numerische Lösung und deren graphische Darstellung der Differentialgleichung *n*-ter Ordnung $$y^{(n)}(x) = f(x, y(x), y'(x), ..., y^{(n-1)}(x))$$ mit den Anfangsbedingungen $y(x_0) = y_0, ..., y^{(n-1)}(x_0) = y_{n-1}$
Befehle	F:=**dsolve**({DG, init}, y(x), *numeric*); **odeplot**(F, [x,y(x)], a..b);
Parameter	*DG*: Differentialgleichung *init*: Anfangsbedingungen y(*x*0)=y0, ..., (D@@k)(y)(*x*0)=yk *y(x)*: Gesuchte Funktion *numeric*: Numerisches Lösen der DG *a..b*: *x*-Bereich der graphischen Darstellung

Beispiel	$$\left(\frac{d^2}{dx^2} y(x)\right) + 4 \left(\frac{d}{dx} y(x)\right)^3 + 4\, y(x) = \sin(2\,x)$$
	`> DG := diff(y(x),x$2) + 4*diff(y(x),x)^3 + 4*y(x)= sin(2*x):`
	`> init:= y(0)=1, D(y)(0)=2:`
	`>`
	`> F:=dsolve({DG, init}, y(x), numeric);`
	$F := \mathbf{proc}\,(rkf45\_x)\, ...\, \mathbf{end\ proc}$
	
	`> F(2.5);`
	$\left[x = 2.5,\, y(x) = -0.291034869603575,\, \frac{d}{dx} y(x) = -0.430289361652290 \right]$
	
	Graphische Darstellung der Lösung *y*(*x*):
	`> with(plots):`
	`> odeplot(F,[x,y(x)],0..30, numpoints=500);`

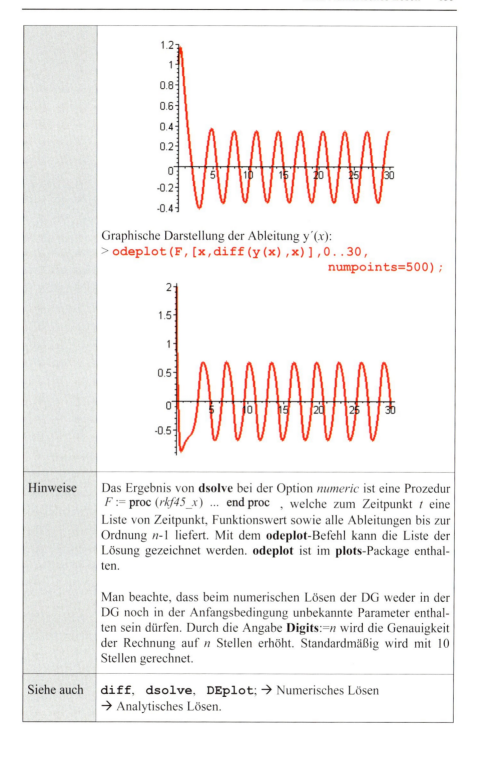

Graphische Darstellung der Ableitung y´(x):
> `odeplot(F,[x,diff(y(x),x)],0..30,`
                           `numpoints=500);`

Hinweise	Das Ergebnis von **dsolve** bei der Option *numeric* ist eine Prozedur $F := \text{proc}\ (rkf45\_x)\ ...\ \text{end proc}$, welche zum Zeitpunkt t eine Liste von Zeitpunkt, Funktionswert sowie alle Ableitungen bis zur Ordnung n-1 liefert. Mit dem **odeplot**-Befehl kann die Liste der Lösung gezeichnet werden. **odeplot** ist im **plots**-Package enthalten.
	Man beachte, dass beim numerischen Lösen der DG weder in der DG noch in der Anfangsbedingung unbekannte Parameter enthalten sein dürfen. Durch die Angabe **Digits**:=n wird die Genauigkeit der Rechnung auf n Stellen erhöht. Standardmäßig wird mit 10 Stellen gerechnet.
Siehe auch	`diff`, `dsolve`, `DEplot`; → Numerisches Lösen → Analytisches Lösen.

Kapitel 21: Extremwerte und Optimierung

Überbestimmte lineare Gleichungssysteme $Ax = b$ werden mit dem **LinearSolve**-Befehl in dem Sinne gelöst, dass die Fehlerquadrate von $r = Ax - b$ minimiert werden. Zur linearen Optimierung einer linearen Zielfunktion unter linearen Nebenbedingungen in Form von Ungleichungen steht der **maximize**-Befehl zur Verfügung. Extremwerte nichtlinearer Funktionen (auch unter Nebenbedingungen in Form von Gleichungen) bestimmt man mit dem **extrema**-Befehl.

21.1 Lösen von überbestimmten linearen Gleichungssystemen

Linear-Solve	
Problem	Gesucht sind Lösungen von überbestimmten linearen Gleichungssystemen $A\,x = b$, $$a_{1,1} x_1 + a_{1,2} x_2 + \ldots + a_{1,n} x_n = b_1$$ $$a_{2,1} x_1 + a_{2,2} x_2 + \ldots + a_{2,n} x_n = b_2$$ $$\ldots$$ $$a_{m,1} x_1 + a_{m,2} x_2 + \ldots + a_{m,n} x_n = b_m$$ wenn die Anzahl der Gleichungen größer als die Anzahl der Unbekannten ist ($m>n$). Diese Gleichungssysteme lassen dann nur eine Lösung in dem Sinne zu, dass die Fehlerquadrate von $r = Ax - b$ minimal werden. Das zu lösende LGS lautet dann mit der transponierten Matrix A^t $$A^t A x = A^t b$$

Befehl	**LinearSolve**(Transpose(A). A, Transpose(A).b);
Parameter	A: Koeffizientenmatrix b: Rechte Seite des LGS
Beispiel	$4\,x1 + 5\,x2 - x3 = 5$ $2\,x1 - 3\,x2 - x3 = 4$ $-x1 + 3\,x2 - x3 = 7$ $-2\,x1 + 3\,x2 - 4\,x3 = 8$ > `A:=Matrix([[4.,5,-1], [2,-3,-1],` `              [-1,3,-1], [-2,3,-4]]);` $$A := \begin{bmatrix} 4. & 5 & -1 \\ 2 & -3 & -1 \\ -1 & 3 & -1 \\ -2 & 3 & -4 \end{bmatrix}$$ > `b:= Vector([5,4,7,8]);` $$b := \begin{bmatrix} 5 \\ 4 \\ 7 \\ 8 \end{bmatrix}$$ > `with(LinearAlgebra):` > `LinearSolve(Transpose(A).A, Transpose(A).b);` $$\begin{bmatrix} 0.411621520409437 \\ 0.323180626638372 \\ -2.30214704780926 \end{bmatrix}$$
Hinweise	Die Befehle stehen im **LinearAlgebra**-Package, welches mit **with(LinearAlgebra);** geladen wird. Gibt man in der ersten Gleichung den Koeffizienten als integer-Zahl 4 statt der float-Zahl 4. ein, so erhält man das exakte Ergebnis $$\begin{bmatrix} \dfrac{6595}{16022}, & \dfrac{2589}{8011}, & \dfrac{-36885}{16022} \end{bmatrix}$$
Siehe auch	**Matrix, Vector, solve, Transpose, LeastSquares;** → Lösen von überbestimmten linearen Gleichungssystemen.

21.2 Lineare Optimierung

maximize	
Problem	Gesucht ist das Maximum einer linearen Zielfunktion $f(x_1, ..., x_n)$ unter linearen Nebenbedingungen der Form $$a_{1,1} x_1 + a_{1,2} x_2 + ... + a_{1,n} x_n \leq b_1$$ $$a_{2,1} x_1 + a_{2,2} x_2 + ... + a_{2,n} x_n \leq b_2$$ $$...$$ $$a_{m,1} x_1 + a_{m,2} x_2 + ... + a_{m,n} x_n \leq b_m$$
Befehl	`maximize( f, {NB});`
Parameter	*f:* Lineare Zielfunktion *{NB}:* Menge der Nebenbedingungen

Beispiel	$$f = 16\,x1 + 32\,x2$$ $$20\,x1 + 10\,x2 \leq 800$$ $$4\,x1 + 5\,x2 \leq 200$$ $$6\,x1 + 15\,x2 \leq 450$$ $$0 \leq x1, \quad 0 \leq x2$$ `> f:= 16*x1+32*x2:`
	 `> c1:= 20*x1+10*x2<=800:`
	 `> c2:= 4*x1+5*x2<=200:`
	 `> c3:= 6*x1+15*x2<=450:`
	 `> c4:= x1>=0:`
	 `> c5:= x2>=0:`
	 `> with(simplex):`
	 `> maximize(f, {c1,c2,c3,c4,c5});`
	 $\qquad \{x1 = 25, x2 = 20\}$
	 `> subs(%,f);`
	 $\qquad 1040$

Hinweise	Der Befehl **maximize** steht im **simplex**-Package, welches mit **with(simplex)**; geladen wird. Die Warnung kann ignoriert werden. Ist man nur an positiven Ergebnissen interessiert, kann zusätzlich die Option *NONNEGATIVE* gesetzt werden.
Siehe auch	**minimize**, **extrema**; → Extremwerte nichtlinearer Funktionen.

21.3 Extremwerte nichtlinearer Funktionen

extrema	
Problem	Gesucht sind Extremwerte einer Zielfunktion f(x_1, ..., x_n) unter Nebenbedingungen der Form $f_1(x_1, ..., x_n) = b_1$, $f_2(x_1, ..., x_n) = b_2$, ... $f_m(x_1, ..., x_n) = b_m$.
Befehl	**extrema**(f, {NB}, {var}, erg);
Parameter	*f:* Funktionsausdruck *{NB}:* Nebenbedingungen; kann auch die leere Menge sein *{var}:* Menge der Variablen *erg:* Variable, in der das Ergebnis abgespeichert wird

Beispiel	$f = e^{-x^2 - y^2}$
	
	`> f:= exp(-x^2-y^2):`
	`> extrema(f, {}, {x,y}, erg);`
	$\{1\}$
	`> erg;`
	$\{\{x = 0, y = 0\}\}$
	`> plot3d(f, x=-3..3,y=-3..3);`

Hinweise	Der Befehl **extrema** liefert als Ergebnis die relativen Extremwerte; in der Variablen *erg* stehen die (*x*,y)-Werte für welche die Funktion extremal wird. Für die lineare Optimierung steht der **maximize**- bzw. **minimize**-Befehl aus dem **simplex**-Package zur Verfügung.
Siehe auch	`minimize`, `maximize`, `allvalues`, `plot3d`.

Kapitel 22: Vektoranalysis

Im Kapitel Vektoranalysis werden die Differentialoperatoren Gradient für ein skalares Feld sowie die Rotation und die Divergenz für ein Vektorfeld (**VectorField**) mit den Befehlen **Gradient**, **Curl** und **Divergence** berechnet. Die Bestimmung eines Potentialfeldes bzw. eines Vektorfeldes erfolgt mit **ScalarPotential** bzw. **VectorPotential**. Die Befehle zur Vektoranalysis sind im **VectorCalculus**-Package enthalten.

22.1 Gradient

Gradient	
Problem	Gesucht ist der Gradient einer Funktion f(x_1, x_2, ..., x_n): $$\text{grad } f(x_1, x_2, ..., x_n) = [\frac{\partial}{\partial x_1} f(x_1, x_2, ..., x_n), ..., \frac{\partial}{\partial x_n} f(x_1, x_2, ..., x_n)]$$
Befehl	`Gradient(f, [x1, x2, x3, ..., xn]);`
Parameter	*f:* Ausdruck in den Variablen $x_1, x_2, ..., x_n$ *[x1, x2, ..., xn]:* Liste der unabhängigen Variablen
Beispiel	$$f = \frac{1}{\sqrt{x^2 + y^2 + z^2 + 1}}$$ `> with(VectorCalculus):` `> f:=1/sqrt(x^2+y^2+z^2+1):` `> Gradient(f, [x,y,z]);` $$-\frac{x}{(x^2+y^2+z^2+1)^{(3/2)}} \bar{e}_x - \frac{y}{(x^2+y^2+z^2+1)^{(3/2)}} \bar{e}_y - \frac{z}{(x^2+y^2+z^2+1)^{(3/2)}} \bar{e}_z$$
Hinweise	Der Befehl **Gradient** steht im **VectorCalculus**-Package. Optional wird durch ein modifiziertes zweites Argument *'cartesian'*[x,y,z], *'polar'*[r,theta] oder *'spherical'*[r,phi,theta] beim **Gradient**-Befehl das Koordinatensystem gewählt. Für das gesamte Worksheet definiert man das Koordinatensystem durch `> SetCoordinates( 'spherical'[r,phi,theta] );` Mit **gradplot** bzw. **gradplot3d** aus dem **plots**-Paket werden 2D bzw. 3D Gradientenfelder gezeichnet.
Siehe auch	`Divergence`, `Curl`; → Rotation → Divergenz.

22.2 Rotation

	Curl
Problem	Gesucht ist die Rotation eines Vektorfeldes f(x, y, z) mit 3 Komponenten $$rot \begin{bmatrix} f_1(x,y,z) \\ f_2(x,y,z) \\ f_3(x,y,z) \end{bmatrix} = \begin{bmatrix} \left(\frac{\partial}{\partial y}f_3(x,y,z)\right) - \left(\frac{\partial}{\partial z}f_2(x,y,z)\right) \\ \left(\frac{\partial}{\partial z}f_1(x,y,z)\right) - \left(\frac{\partial}{\partial x}f_3(x,y,z)\right) \\ \left(\frac{\partial}{\partial x}f_2(x,y,z)\right) - \left(\frac{\partial}{\partial y}f_1(x,y,z)\right) \end{bmatrix}$$
Befehl	f := **VectorField**(<f1,f2,f3>, 'cartesian'[x, y, z]); **Curl**(f);
Parameter	*f1,f2,f3*: Komponenten der vektorwertigen Funktion f *[x,y,z]*: Liste der unabhängigen Variablen
Beispiel	$$f = \begin{bmatrix} x^2 y \\ -2\,x\,z \\ 2\,y\,z \end{bmatrix}$$ > `with(VectorCalculus):` > `f:=VectorField(<x^2*y,-2*x*z,2*y*z>,` `'cartesian'[x,y,z]);` $$f := x^2 y\,\overline{e}_x - 2\,x\,z\,\overline{e}_y + 2\,y\,z\,\overline{e}_z$$ > `Curl(f);` $$(2z+2x)\,\overline{e}_x + (-2z-x^2)\,\overline{e}_z$$
Hinweise	Die Rotation kann nur von einem Vektorfeld f mit 3 Komponenten gebildet werden! Der Befehl **Curl** steht im **VectorCalculus**-Package, das mit **with(VectorCalculus)** geladen wird. Die Warnung kann ignoriert werden. Durch das zweite Argument *'cartesian'*[x,y,z], *'polar'*[r,theta] oder *'spherical'* [r,phi,theta] wird beim **VectorField**-Befehl das Koordinatensystem gewählt. Für das gesamte Worksheet definiert man das Koordinatensystem durch > `SetCoordinates( 'spherical'[r,phi,theta] );` **fieldplot3d** aus dem **plots**-Paket zeichnet 3D Vektorfelder.
Siehe auch	**VectorField, Divergence, Gradient**; → Gradient → Divergenz.

22.3 Divergenz

Divergence	
Problem	Gesucht ist die Divergenz eines Vektorfeldes f(x, y, z) mit 3 Komponenten $$div \begin{bmatrix} f_1(x,y,z) \\ f_2(x,y,z) \\ f_3(x,y,z) \end{bmatrix} = \frac{\partial}{\partial x} f_1(x,y,z) + \frac{\partial}{\partial y} f_2(x,y,z) + \frac{\partial}{\partial z} f_3(x,y,z)$$
Befehl	f := **VectorField**(<f1,f2,f3>, 'cartesian'[x, y, z]); **Divergence**(f);
Parameter	*f1,f2,f3*: Komponenten der vektorwertigen Funktion f *[x,y,z]*: Liste der unabhängigen Variablen

Beispiel	$$f = \begin{bmatrix} x^2 y \\ -2xz \\ 2yz \end{bmatrix}$$ `> with(VectorCalculus):`
	`> f:=VectorField(<x^2*y,-2*x*z,2*y*z>,`
	`                  'cartesian'[x,y,z]);`
	$$f := x^2 y \, \overline{e}_x - 2xz \, \overline{e}_y + 2yz \, \overline{e}_z$$ `> Divergence(f);`
	$$2xy + 2y$$

Hinweise	Der Befehl **Divergence** steht im **VectorCalculus**-Package, das mit **with(VectorCalculus)** geladen wird. Die Warnung kann ignoriert werden. Durch das zweite Argument '*cartesian*'[x,y,z], '*polar*'[r,theta] oder '*spherical*' [r,phi,theta] wird beim **VectorField**-Befehl das Koordinatensystem gewählt. Für das gesamte Worksheet definiert man das Koordinatensystem durch `> SetCoordinates( 'spherical'[r,phi,theta] );` **fieldplot3d** aus dem **plots**-Paket zeichnet 3D Vektorfelder. Der **Divergence**-Befehl kann auch auf Vektorfelder mit *n* Komponenten angewendet werden.
Siehe auch	**VectorField**, **Curl**, **Gradient**; → Gradient → Rotation.

22.4 Potentialfeld zu gegebenem Vektorfeld, Wirbelfreiheit

Scalar-Potential	
Problem	Gesucht ist für ein Vektorfeld f(x, y, z) mit 3 Komponenten ein zugehöriges Gradientenfeld ϕ, so dass $$f(x, y, z) = \begin{bmatrix} f_1(x, y, z) \\ f_2(x, y, z) \\ f_3(x, y, z) \end{bmatrix} = \text{grad } \phi$$
Befehl	f := **VectorField**(<f1,f2,f3>, 'cartesian'[x, y, z]); **ScalarPotential**(f);
Parameter	*f1,f2,f3*: Komponenten der vektorwertigen Funktion f *[x,y,z]*: Liste der unabhängigen Variablen
Beispiel	$$f = \begin{bmatrix} 2x+y \\ x+2yz \\ y^2+2z \end{bmatrix}$$ > `with(VectorCalculus):` > `f:= VectorField(<2*x+y, x+2*y*z, y^2+2*z>, 'cartesian'[x,y,z]);` $f := (2x+y)\overline{e}_x + (x+2yz)\overline{e}_y + (y^2+2z)\overline{e}_z$ > `phi:=ScalarPotential(f);` $\phi := x^2 + yx + y^2z + z^2$
Hinweise	Falls ein Potentialfeld existiert, dann liefert der **ScalarPotential**-Befehl ein solches Feld. Man nennt dann f **wirbelfrei**, da rot(f) = 0. Der Befehl **ScalarPotential** steht im **VectorCalculus**-Package, das mit **with(VectorCalculus)** geladen wird. Der **ScalarPotential**-Befehl kann auch auf Vektorfelder mit *n* Komponenten angewendet werden.
Siehe auch	**VectorField, Curl, Gradient, VectorPotential**; → Gradient → Vektorpotential zu gegebenem Vektorfeld, Quellenfreiheit.

22.5 Vektorpotential zu gegebenem Vektorfeld, Quellenfreiheit

Vector-Potential	
Problem	Gesucht ist für ein Vektorfeld f(x, y, z) mit 3 Komponenten ein zugehöriges Vektorfeld A, so dass $$f(x, y, z) = \begin{bmatrix} f_1(x, y, z) \\ f_2(x, y, z) \\ f_3(x, y, z) \end{bmatrix} = \text{rot } A$$
Befehl	f := **VectorField**(<f1,f2,f3>, 'cartesian'[x, y, z]); **VectorPotential**(f);
Parameter	*f1,f2,f3*: Komponenten der vektorwertigen Funktion f *[x,y,z]*: Liste der unabhängigen Variablen
Beispiel	$$f = \begin{bmatrix} -\dfrac{y}{x^2+y^2} \\ \dfrac{x}{x^2+y^2} \\ 0 \end{bmatrix}$$ > **with(VectorCalculus):** > **f:= VectorField(<-y/(x^2+y^2), x/(x^2+y^2),0>, 'cartesian'[x,y,z]);** $$f := -\frac{y}{x^2+y^2}\overline{e}_x + \frac{x}{x^2+y^2}\overline{e}_y$$ > **VectorPotential(f);** $$\frac{xz}{x^2+y^2}\overline{e}_x + \frac{yz}{x^2+y^2}\overline{e}_y$$
Hinweise	Falls ein Vektorpotential existiert, dann liefert der **VectorPotential**-Befehl ein solches Feld. Man nennt dann f **quellenfrei**, da div(f) = 0. Der Befehl **VectorPotential** steht im **VectorCalculus**-Package, das mit **with(VectorCalculus)** geladen wird. Der **VectorPotential**-Befehl kann nur auf Vektorfelder mit 3 Komponenten angewendet werden!
Siehe auch	**VectorField, Curl, Gradient, ScalarPotential**; → Rotation → Potentialfeld zu gegebenem Vektorfeld, Wirbelfreiheit.

Kapitel 23: Partielle Differentialgleichungen

Partielle Differentialgleichungen sowohl erster wie auch höherer Ordnung werden mit dem **pdsolve**-Befehl analytisch gelöst. Maple versucht dabei das Problem auf gewöhnliche Differentialgleichungen zurückzuspielen. Durch die *build*-Option werden die angegebenen gewöhnlichen Differentialgleichungen gelöst und zur Gesamtlösung des Problems zusammengebaut. Ab Maple14 können beim analytischen Lösen zusätzlichen Anfangs- bzw. Randwerte spezifiziert werden. Alternativ zum pdsolve-Befehl wird ab Maple14 der universelle Solve-Befehl erstmals angeboten, der auch zum Lösen von pDG verwendet werden kann.

Die *numeric*-Option veranlasst das numerische Lösen der partiellen Differentialgleichung, sofern die gesuchte Funktion von einer Zeitvariablen sowie einer weiteren Ortsvariablen abhängt. Bei der Option *numeric* müssen Anfangs- bzw. Randwerte spezifiziert werden und weder die pDG noch die Anfangs-/Randwerte dürfen unbekannte Parameter enthalten.

23.1 Analytisches Lösen pDG erster Ordnung

pdsolve	
Problem	Gesucht sind analytische Lösungen von partiellen Differentialgleichungen erster Ordnung, wie z.B. $$\frac{\partial}{\partial t} u(x,t) = k \left(\frac{\partial}{\partial x} u(x,t) \right)^2$$
Befehl	**pdsolve**(pDG, u(x, t), opt);
Parameter	*pDG*: Partielle Differentialgleichung *u(x, t)*: Gesuchte Funktion in den Variablen (*x, t*) *opt*: Optionen <HINT, INTEGRATE, build>

Beispiel	$$\frac{\partial}{\partial t} u(x,t) = k \left(\frac{\partial}{\partial x} u(x,t) \right)^2$$
	`> restart:`
	`> pDG := diff(u(x,t),t)=k*diff(u(x,t),x)^2;`
	$$pDG := \frac{\partial}{\partial t} u(x,t) = k \left(\frac{\partial}{\partial x} u(x,t) \right)^2$$

> `pdsolve(pDG, u(x,t));`

$$u(x,t) = \_F1(x) + \_F2(t) \quad \&where$$

$$\left[\{ \left(\frac{d}{dx}\_F1(x) \right)^2 = \frac{\_c_2}{k}, \frac{d}{dt}\_F2(t) = \_c_2 \} \right]$$

Maple löst die pDG mit einem Summenansatz, wobei $\_F1(x)$ eine Funktion nur in der Variablen x und $\_F2(t)$ nur in t darstellt. Die beiden Funktionen $\_F1(x)$ und $\_F2(t)$ müssen die beiden gewöhnlichen DG erfüllen, die mit **&where** angegeben sind. $\_c_2$ ist eine beliebige Konstante, die durch den Separationsansatz bei beiden gewöhnlichen DG auftritt.

Mit der Option **build** wird veranlasst, die beiden angegebenen gewöhnlichen DG zu lösen und beide Ergebnisse zur Lösung der pDG zusammenzufassen.

> `pdsolve(pDG, u(x,t), build);`

$$u(x,t) = -\frac{\sqrt{k\_c_2}\, x}{k} + \_C1 + \_c_2\, t + \_C2$$

Mit der **HINT**-Option kann man Hinweise zur Lösung angeben. Ist man z.B. an einer Produktdarstellung der Lösung interessiert, so kann man einen solchen Hinweis geben:

> `pdsolve(pDG, u(x,t), HINT=`*`);`

$$u(x,t) = \_F1(x)\_F2(t) \quad \&where$$

$$\left[\{ \frac{d}{dt}\_F2(t) = k\_c_1\_F2(t)^2, \left(\frac{d}{dx}\_F1(x) \right)^2 = \_c_1\_F1(x) \} \right]$$

Mit der zusätzlichen Option **INTEGRATE** veranlasst man das Ausintegrieren der gewöhnlichen Differentialgleichungen für $\_F1$ und $\_F2$ unter Beachtung des gegebenen Hinweises

> `pdsolve(pDG, u(x,t), HINT=`*`, INTEGRATE);`

$$u(x,t) = \_F1(x)\_F2(t) \quad \&where$$

$$\left[\{ \{\_F2(t) = \frac{1}{-k\,t\,\_c_1 + \_C2} \}, \right.$$
$$\left. \{ \_F1(x) = 0, \_F1(x) = \frac{1}{4}\_c_1\_C1^2 - \frac{1}{2}\_C1\_c_1\, x + \frac{1}{4}\_c_1\, x^2 \} \} \right]$$

Hinweise	Ab Maple 14 können beim analytischen Lösen zusätzlichen Anfangs- bzw. Randwerte spezifiziert werden.
Siehe auch	`diff`, `dsolve`, `pdetest`, `Solve`; → Numerisches Lösen zeitbasierter pDG 1. Ordnung → Analytisches Lösen pDG n-ter Ordnung.

23.2 Numerisches Lösen zeitbasierter pDG 1. Ordnung

pdsolve/ numeric	
Problem	Gesucht sind numerische Lösungen von **zeitbasierten** partiellen Differentialgleichungen erster Ordnung mit gegebenen Anfangs-Randwerten, wie z.B. $$\frac{\partial}{\partial t} y(x,t) = -\sqrt{t}\left(\frac{\partial}{\partial x} y(x,t)\right)$$ mit $y(x,0) = e^{(-x^2)}$ und $y(0,t) = e^{\left(-\frac{4t^3}{9}\right)}$.
Befehl	**pdsolve**(pDG, cond, **numeric**, opt);
Parameter	*pDG*: Zeitbasierte partielle Differentialgleichung *cond*: Anfangs- und/oder Randbedingungen ***numeric***: Schlüsseloption für das numerische Lösen *opt*: Optionen

Beispiel	$$\frac{\partial}{\partial t} y(x,t) = -\sqrt{t}\left(\frac{\partial}{\partial x} y(x,t)\right)$$ mit Rand- $y(0,t) = e^{\left(-\frac{4t^3}{9}\right)}$ und Anfangswerten $y(x,0) = e^{(-x^2)}$:
	 `>pDG:=diff(y(x,t),t)=-sqrt(t)*diff(y(x,t),x);` $$pDG := \frac{\partial}{\partial t} y(x,t) = -\sqrt{t}\left(\frac{\partial}{\partial x} y(x,t)\right)$$ `>ARW:={y(x,0)=exp(-x^2),`
	`     y(0,t)=exp(-(-2/3*t^(3/2))^2)};` $$ARW := \{y(x,0) = e^{(-x^2)}, y(0,t) = e^{\left(-\frac{4t^3}{9}\right)}\}$$ `>sol:=pdsolve(pDG ARW, numeric,range=0..8,`
	`                                   time=t);`
	 sol:= **module () export**
	     plot, plot3d, animate, value, settings, ... **end module**
	 Das Ergebnis von **pdsolve** bei der Option `numeric` ist ein Modul, dessen Methoden zur Darstellung der Lösung zur Verfügung stehen. U.a. sind dies plot, plot3d, animate, value, settings. Der Aufruf der einzelnen Methoden erfolgt dann durch
	 > sol:-befehl(argument):

	Darstellung der Lösung zum Zeitpunkt *t*=3:
	`> sol:-plot(t=3, numpoints=100);`
	
	Animation der Lösung bis zur Zeit *t*=5:
	`> sol:-animate(t=5,frames=10, numpoints=100);` [9]
	
	Dreidimensionale Darstellung der Lösung für *x*=0..8 und *t*=0..8
	`> sol:-plot3d(x=0..8,t=0..5, axes=boxed);` [9]
	
	Die Auswertung der numerischen Lösung zu einem vorgegebenen Zeitpunkt (z.B. für *t*=5) für verschiedene *x*-Werte erfolgt über die **value**-Konstruktion
	`> sol:-value(t=5,output=listprocedure);`
	`> num := rhs(op(3,%));`
	`> num(5);`
	$\qquad$ -0.204664768239362

Hinweise	**Wichtige optionale Parameter:**
	   time = *name*: Name der Zeitvariablen
	   range = *a..b*: Bereich der Ortsvariablen
	   spacestep = *wert*: Ortsauflösung
	   timestep = *wert*: Zeitschrittweite
	Die pDG muss als eine unabhängige Variable die Zeit enthalten. pdsolve/numeric verwendet finite Differenzenverfahren sowohl für die Zeit- als auch Ortsvariablen, um die Lösung numerisch zu bestimmen. Beim pdsolve/numeric-Befehl **müssen** Anfangs-/Randwerte gesetzt werden. Es dürfen weder in der pDG noch in den Anfangs-/Randwerten unbekannte Parameter enthalten sein.
	
	Um die pDG aufzustellen muss der **diff**-Befehl verwendet werden. Sind Ableitungen der gesuchten Funktion als Anfangs-/Randbedinungen vorgegeben, so muss zur Umsetzung der **D**-Operator verwendet werden. Z.B. **D[2](u)(x,0)** spezifiziert die partielle Ableitung der Funktion nach der zweiten Variablen und wertet diese für *t*=0 aus.

Siehe auch	**D, diff, dsolve, pdsolve/numeric, Solve**; → Analytisches Lösen pDG erster Ordnung.

---

[9] Auf die Ausgabe der Graphik wird aufgrund von Platzgründen verzichtet.

23.3 Analytisches Lösen pDG *n*-ter Ordnung

`pdsolve`	
Problem	Gesucht sind analytische Lösungen von partiellen Differentialgleichungen *n*-ter Ordnung, wie z.B. der Laplace-Gleichung $$\frac{\partial^2}{\partial x^2} u(x,y) + \frac{\partial^2}{\partial y^2} u(x,y) = 0$$
Befehl	**pdsolve**(pDG, u(x, t), opt);
Parameter	*pDG*: Partielle Differentialgleichung *u(x, y)*: Gesuchte Funktion in den Variablen (x, y) *opt*: Optionen <HINT, INTEGRATE, build>
Beispiel	$$\frac{\partial^2}{\partial x^2} u(x,y) + \frac{\partial^2}{\partial y^2} u(x,y) = 0$$ `> pDG := diff(u(x,y),x$2)+diff(u(x,y),y$2)=0;` $$pDG := \left(\frac{\partial^2}{\partial x^2} u(x,y)\right) + \left(\frac{\partial^2}{\partial y^2} u(x,y)\right) = 0$$ `> pdsolve(pDG, u(x,y));` $$u(x,y) = \_F1(y - xI) + \_F2(y + xI)$$ Die Lösung der Laplace-Gleichung setzt sich aus der Summe von zwei beliebigen Funktionen _F1 und _F2 zusammen, ausgewertet bei $y + Ix$ und $y - Ix$. Dabei ist *I* die imaginäre Einheit. Ist man an einem Produktansatz interessiert, gibt man dem Befehl mit der Option **HINT** den entsprechenden Hinweis: `> sol:=pdsolve(pDG, u(x,y), HINT=X(x)*Y(y));` $$sol := (u(x,y) = X(x)Y(y)) \,\&\text{where} \left[\{\frac{d^2}{dx^2}X(x) = \_c_1 X(x), \frac{d^2}{dy^2}Y(y) = -\_c_1 Y(y)\}\right]$$ Die Lösung setzt sich nun zusammen aus dem Produkt der Funktion X(x), die nur von der Variablen *x* abhängt, und Y(y), die nur von der Variablen *y* abhängt. Diese Funktionen müssen die gewöhnlichen DG erfüllen, die mit **&where** im Ergebnis spezifiziert sind.

	Mit der Option **build** werden die beiden gewöhnlichen Differentialgleichungen gelöst und zur Lösung der pDG zusammengesetzt.
	`> pdsolve(pDG, u(x,y), HINT=X(x)*Y(y),build);`
	
	$$u(x,y) = \_C3 \sin(\sqrt{\_c_1}\, y)\,\_C1\, e^{(\sqrt{\_c_1}\, x)} + \frac{\_C3 \sin(\sqrt{\_c_1}\, y)\,\_C2}{e^{(\sqrt{\_c_1}\, x)}}$$
	
	$$+ \_C4 \cos(\sqrt{\_c_1}\, y)\,\_C1\, e^{(\sqrt{\_c_1}\, x)} + \frac{\_C4 \cos(\sqrt{\_c_1}\, y)\,\_C2}{e^{(\sqrt{\_c_1}\, x)}}$$
	
	Alternativ zur **build**-Option kann der **build**-Befehl aus dem **PDEtools**-Package verwendet werden.
	`> with(PDEtools):`
	`> build(sol);`
	
	$$u(x,y) = \_C3 \sin(\sqrt{\_c_1}\, y)\,\_C1\, e^{(\sqrt{\_c_1}\, x)} + \frac{\_C3 \sin(\sqrt{\_c_1}\, y)\,\_C2}{e^{(\sqrt{\_c_1}\, x)}}$$
	
	$$+ \_C4 \cos(\sqrt{\_c_1}\, y)\,\_C1\, e^{(\sqrt{\_c_1}\, x)} + \frac{\_C4 \cos(\sqrt{\_c_1}\, y)\,\_C2}{e^{(\sqrt{\_c_1}\, x)}}$$
	
	Prüfen, ob der gefundene Term auch die pDG erfüllt:
	`> pdetest(sol, pDG);`
	$$0$$

Hinweise	**Wichtige optionale Parameter**: > pdsolve(pDG, u(x,y), **HINT**=...); Lösen der pDG unter Verwendung des Hinweises <`+`, `*`, algebr. Ausdruck>. > pdsolve(pDG, u(x,y), **build**); Lösen der gewöhnlichen DG und Zusammensetzen der Einzel- zur Gesamtlösung. > pdsolve(pDG, u(x,y), **INTEGRATE**); Automatische Integration der gewöhnlichen DG, wenn die pDG durch Separationsansatz gelöst wird. > pdsolve(pDG, {ARW}, **numeric**); Numerisches Lösen der pDG mit den gegebenen Anfangs-/Randwerten (ARW). Ab Maple 14 können beim analytischen Lösen zusätzlichen Anfangs- bzw. Randwerte spezifiziert werden.
Siehe auch	`D`, `diff`, `dsolve`, `pdsolve/numeric`, `Solve`; → Analytisches Lösen pDG erster Ordnung → Numerisches Lösen zeitbasierter pDG n-ter Ordnung.

23.4 Numerisches Lösen zeitbasierter pDG *n*-ter Ordnung

pdsolve/ numeric	
Problem	Gesucht sind numerische Lösungen von *zeitbasierten* partiellen Differentialgleichungen *n*-ter Ordnung mit gegebenen Anfangs-Randwerten, wie z.B. $$\frac{\partial^2}{\partial t^2} u(x,t) = \left(\frac{1}{10}\right)^2 \left(\frac{\partial^2}{\partial x^2} u(x,t)\right)$$ mit den Randbedingungen $u(0,t) = 0$, $u(1,t) = 0$ und Anfangsbedingungen $u(x,0) = \sin(\pi x)$, $\frac{\partial}{\partial t} u(x,0) = 0$.
Befehl	**pdsolve**(pDG, cond, **numeric**, opt);
Parameter	*pDG*: Zeitbasierte partielle Differentialgleichung *cond*: Anfangs- und/oder Randbedingungen **numeric**: Schlüsseloption für das numerische Lösen *opt*: Optionen

Beispiel	$$\frac{\partial^2}{\partial t^2} u(x,t) = \left(\frac{1}{10}\right)^2 \left(\frac{\partial^2}{\partial x^2} u(x,t)\right)$$ mit $u(0,t) = 0$, $u(1,t) = 0$; $u(x,0) = \sin(\pi x)$, $\frac{\partial}{\partial t} u(x,0) = 0$:
	`> pDG:=diff(u(x,t),t,t)=0.1^2*diff(u(x,t),x,x);` $$pDG := \frac{\partial^2}{\partial t^2} u(x,t) = 0.01 \left(\frac{\partial^2}{\partial x^2} u(x,t)\right)$$ `> ARW:={u(x,0)=sin(Pi*x), D[2](u)(x,0)=0,`
	`       u(0,t)=0, u(1,t)=0}:`
	`> sol:=pdsolve(pDG, ARW, numeric,range=0..1,`
	`                                        time=t);`
	    sol:= **module () export**
	        plot, plot3d, animate, value, settings, ... **end module**
	
	Das Ergebnis von **pdsolve** bei der Option **numeric** ist ein Modul, dessen Methoden zur Darstellung der Lösung zur Verfügung stehen. U.a. sind dies plot, plot3d, animate, value, settings. Der Aufruf der einzelnen Methoden erfolgt dann durch
	`> sol:-befehl(argument):`

	Darstellung der Lösung zum Zeitpunkt $t=3$: `> sol:-plot(t=3, numpoints=100);` 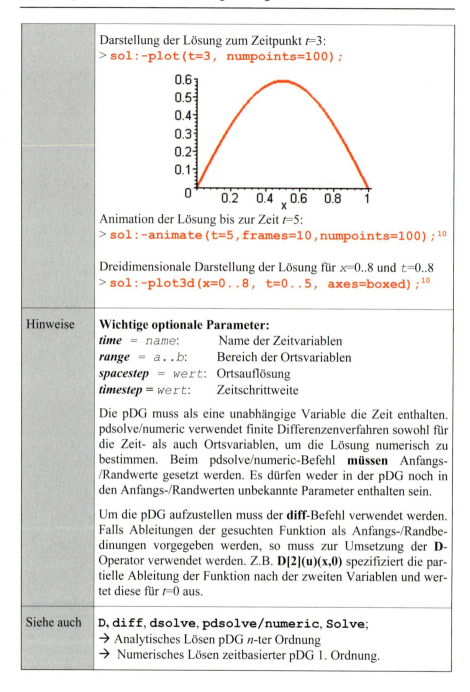 Animation der Lösung bis zur Zeit $t=5$: `> sol:-animate(t=5,frames=10,numpoints=100);`[10] Dreidimensionale Darstellung der Lösung für $x=0..8$ und $t=0..8$ `> sol:-plot3d(x=0..8, t=0..5, axes=boxed);`[10]
Hinweise	**Wichtige optionale Parameter:** *time* = `name`: Name der Zeitvariablen *range* = `a..b`: Bereich der Ortsvariablen *spacestep* = `wert`: Ortsauflösung *timestep* = `wert`: Zeitschrittweite Die pDG muss als eine unabhängige Variable die Zeit enthalten. pdsolve/numeric verwendet finite Differenzenverfahren sowohl für die Zeit- als auch Ortsvariablen, um die Lösung numerisch zu bestimmen. Beim pdsolve/numeric-Befehl **müssen** Anfangs-/Randwerte gesetzt werden. Es dürfen weder in der pDG noch in den Anfangs-/Randwerten unbekannte Parameter enthalten sein. Um die pDG aufzustellen muss der **diff**-Befehl verwendet werden. Falls Ableitungen der gesuchten Funktion als Anfangs-/Randbedingungen vorgegeben werden, so muss zur Umsetzung der **D**-Operator verwendet werden. Z.B. **D[2](u)(x,0)** spezifiziert die partielle Ableitung der Funktion nach der zweiten Variablen und wertet diese für $t=0$ aus.
Siehe auch	**D**, `diff`, `dsolve`, `pdsolve/numeric`, `Solve`; → Analytisches Lösen pDG n-ter Ordnung → Numerisches Lösen zeitbasierter pDG 1. Ordnung.

---

[10] Auf die Ausgabe im Buch wird aus Platzgründen verzichtet.

Kapitel 24: Programmstrukturen

Im Kapitel über die Programmstrukturen werden einfache Konstruktionen in Maple wie z.B. die Schleifenbildung mit **for** oder **while**, Verzweigungen mit **if** und Unterprogrammstrukturen mit der **proc**-Konstruktion beschrieben. Im nächsten Kapitel werden diese Strukturen am Beispiel des Newton-Verfahrens angewendet.

24.1 for-Schleife

for	
Konstruktion	for-Schleife.
Syntax	**for** <index> from <start> to <ende> do <anweisungen> end do; **for** <index> in <ausdruck> do <anweisungen> end do;
Beispiel	Summe der ersten 100 Zahlen > `summe:=0:` > `for i from 1 to 100` > `do` > `summe := summe +i;` > `end do:` > `summe;` $\qquad\qquad\qquad$ 5050
Hinweise	Eine **for**- oder **while**-Schleife, **if**-Konstruktion bzw. ein Unterprogramm muss immer innerhalb eines Anweisungsblocks stehen. Anstatt dem Abschluss **end do** ist auch **od** erlaubt.
Siehe auch	**while**, **if**, **proc**; → while-Schleife → if-Bedingungen → proc-Konstruktion → Newton-Verfahren: for-Konstruktion.

24.2 while-Schleife

while	
Konstruktion	while-Schleife.
Syntax	**while** <bedingung> do <anweisungen> end do;
Beispiel	Summe der ersten 200 Zahlen > `summe:=0: i:=0:` > `while  i <=  200` > `do` > `summe := summe + i;` > `i:=i+1;` > `end do:` > `summe;` $\qquad\qquad\qquad$ 20100
Hinweise	Innerhalb der Bedingung <bedingung> sind auch mehrere Fälle erlaubt; diese werden durch *and* oder *or* miteinander verknüpft. Eine **for**- oder **while**-Schleife, **if**-Konstruktion bzw. ein Unterprogramm muss immer innerhalb eines Anweisungsblocks stehen. Anstatt dem Abschluss **end do** ist auch **od** erlaubt.
Siehe auch	**for**, **if**, **proc**; → while-Schleife → if-Bedingungen → proc-Konstruktion → Newton-Verfahren: while-Konstruktion.

24.3 if-Bedingungen

if	
Konstruktion	if-Bedingung.

Syntax	`if` <bedingung> then <anweisungen> end if;
	
	 `if` <bedingung> then <anweisungen>
	                else <anweisungen> end if;
	
	 `if` <bedingung> then <anweisungen>
	                elif <bedingung> then <anweisungen>
	                else <anweisungen> end if;

Beispiel	Betrag einer Zahl ``` > zahl:=-3.6: > > if zahl <0 > then betrag:=-zahl: > else betrag:= zahl: > end if: > > betrag; 3.6 ```
Hinweise	Innerhalb der Bedingung <bedingung> sind auch mehrere Fälle erlaubt; diese werden durch *and* oder *or* miteinander verknüpft. Eine **for**- oder **while**-Schleife, **if**-Konstruktion bzw. ein Unterprogramm muss immer innerhalb eines Anweisungsblocks stehen. Anstatt dem Abschluss **end if** ist auch **fi** erlaubt.
Siehe auch	`for`, `while`, `proc`; → for-Schleife → while-Schleife → proc-Konstruktion.

24.4 proc-Konstruktion

proc	
Konstruktion	Unterprogramm-Konstruktion.
Syntax	**proc**() local var; <anweisungen> end;
Beispiel	Prozedur zur Berechnung der Summe der ersten N Zahlen ``` > summebis := proc() > local i, summe, N; > > N:=args[1]: > > summe := 0: > for i from 1 to N > do summe := summe + i: > end do: > > end: > summebis(10); 55 ```
Hinweise	Eine Prozedur beginnt mit der Definition des Prozedurnamens und dem Schlüsselwort **proc**, der anschließenden Deklaration der lokalen Variablen (**local**) und dem Prozedurende (**end**). Mit **args**[1] greift man auf das erste Argument beim Aufruf der Prozedur zu. Lokale Variable, die nur innerhalb der Prozedur bekannt sind, werden durch *local* deklariert. Sie existieren nur während der Ausführung der Prozedur. Sollte im Worksheet eine Variable mit gleichem Namen existieren, wird sie durch die Prozedur nicht verändert. Mit der Deklaration *global* stehen Variable auch außerhalb der Prozedur zur Verfügung. Alle im Worksheet vor dem Aufruf der Prozedur definierten Variablen stehen (mit dem gleichen Namen) als globale Variable der Prozedur zur Verfügung. Ein Unterprogramm muss immer innerhalb eines Anweisungsblocks stehen.
Siehe auch	`for`, `while`, `if`, `args`; → for-Schleife → while-Schleife → if-Bedingungen → Newton-Verfahren: proc-Konstruktion 1.

proc	
Konstruktion	Unterprogramm-Konstruktion mit Parameterübergabe.
Syntax	**proc**() local var; <anweisungen> end;
Beispiel	Prozedur zur Berechnung der Summe der ersten N Zahlen ``` > summebis := proc(N) > local i, summe; > > summe := 0: > for i from 1 to N > do summe := summe + i: > end do: > > end: > summebis(10); 55 ```

Hinweise	Alternativ zu dem zuerst vorgestellten Vorgehen kann die Prozedur auch mit Parameter in der Argumentenliste definiert werden:
	`> summebis := proc(N) ... end:`
	Dann entfällt sowohl die Deklaration von **local N** innerhalb der Prozedur als auch die Definition von N durch **N:=args[1]**. N wird direkt als Variable mit dem beim Aufruf übergeben Wert im Unterprogramm verwendet. Es ist nicht möglich diesen Wert innerhalb der Prozedur zu überschreiben. Übergibt man statt der eigentlich gemeinten natürlichen Zahl eine float-Zahl, so erhält man durch den Aufruf
	`> summebis(10.6);`
	ebenfalls das Ergebnis 55.
	Durch **::** veranlasst man eine Typenüberprüfung; d.h. mit
	`> summebis := proc(N::integer) ... end:`
	deklariert man den Typ von **N** als integer-Zahl. Beim Aufruf der Prozedur mit der integer-Zahl 10 ist der Typ des Argumentes richtig, das Ergebnis lautet 55. Beim Aufruf der Prozedur mit der float-Zahl 10.6 ist der Typ des Argumentes falsch, das Ergebnis lautet
	`> summebis(10.6);`
	`  Error, summebis expects its 1st argument, N, to`
	`         be of type integer, but received 10.6`

Siehe auch	**for**, **while**, **if**, **args**; → proc-Konstruktion.

Kapitel 25: Programmieren mit Maple

In Kapitel 25 wird am Beispiel des Newton-Verfahrens aufgezeigt, wie man die Programmstrukturen aus Kapitel 23 anwendet, um von einer einfachen **for**-Schleife zu einem Unterprogramm (Prozedur) mit Animation zu gelangen.

Das Newton-Verfahren bestimmt näherungsweise eine Nullstelle einer Funktion

$$f(x) = 0$$

durch Verwendung der Iterationsvorschrift:

$$\boxed{x_i := x_{i-1} - \frac{f(x_{i-1})}{f'(x_{i-1})}}$$

mit Startwert x_0. Es wird in diesem Kapitel der Weg aufgezeigt, wie man mit der direkten Umsetzung in eine einfache Formelzeile
> `x[i] := x[i-1] - f(x[i-1])/D(f)(x[i-1]):`

bzw.
> `xn := xa - f(xa)/D(f)(xa):`

startet und die Iteration zunächst über eine **for**-Schleife realisiert. Dabei steht f für die Funktion und D(f) für die Ableitung der Funktion, welche mit dem **D**-Operator gebildet wird. Das Verfahren konvergiert nur für einen hinreichend nahe an der Lösung liegenden Startwert x_0. Nach maximal 5 Durchläufen bzw. wenn die Nullstelle bis auf $\delta = 10^{-6}$ genau berechnet ist, wird die Iteration abbrechen.

Nach der Programmierung mit einer **for**-Schleife kommen wir über eine **while**-Schleifen-Variante zu einer Prozedur. Die einfachste Prozedurkonstruktion wird zunächst ohne Parameter- dann mit Parameterübergabe realisiert und anschließend mit einer graphischen Ausgabe erweitert. Die graphische Ausgabe visualisiert den Konvergenzprozess des Newton-Verfahrens in Form einer Animation.

Bei den numerischen Rechnungen ist zu beachten, dass es günstiger ist, mit float-Zahlen zu arbeiten, indem z.B. der Startwert mit 1. spezifiziert wird. Denn dann werden alle Rechenschritte standardmäßig mit 10 Stellen Genauigkeit ausgewertet und nicht der gegebenenfalls sehr umfangreiche, gebrochenrationale exakte Ausdruck verwendet, was zu sehr hohen Rechenzeiten führen kann.

25.1 Newton-Verfahren: for-Konstruktion

for	
Problem	Umsetzung der Newton-Iteration mit einer **for**-Konstruktion.
Befehl	Maple-Befehlsfolge mit einer **for**-Schleife
Parameter	*f*: Funktion *xn*: Startwert

Beispiel	$f(x) = (x-2)^2 - 3 = 0$
	
	`> f:=x -> (x-2)^2 -3: #Funktion`
	`> plot(f(x), x=0..4);`
	
	(Plot der Parabel von x=0 bis x=4)
	
	`> xn:=1.:` `#Startwert der Iteration`
	
	for-Schleife
	`> for i from 1 to 5`
	`> do`
	`>     xn := xn - f(xn)/D(f)(xn):`
	`> end do;`
	
	$xn := 0.$
	$xn := 0.2500000000$
	$xn := 0.2678571429$
	$xn := 0.2679491899$
	$xn := 0.2679491922$

Hinweise	Bei der einfachsten Form der Programmierung verwendet man eine **for**-Schleife, die 5 mal durchlaufen wird. Innerhalb der Schleife wird die Variable *xn* durch die Iterationsvorschrift aktualisiert. Indem man die Schleife nach dem **end do** mit „;" abschließt, werden alle Berechnungen innerhalb der Schleife ausgegeben.
Siehe auch	**while-Schleife**, **D-Operator**; → for-Schleife.

25.2 Newton-Verfahren: while-Konstruktion

while	
Problem	Umsetzung der Newton-Iteration mit einer **while**-Konstruktion.
Befehl	Maple-Befehlsfolge mit einer **while**-Schleife
Parameter	*f*: Funktion *xn*: Startwert

Beispiel	$$f(x) = (x-2)^2 - 3 = 0$$
	
	`> f:=x -> (x-2)^2 -3:    #Funktion`
	`> xn:=1.:                #Startwert der Iteration`
	`> xa:=xn+1:`
	
	while-Schleife
	`> while abs(xa-xn)>10e-6`
	`> do`
	`>     xa := xn:`
	`>     xn := xa - f(xa)/D(f)(xa):`
	`>     printf(`Näherung %a.\n `,xn):`
	`> end do:`
	
	    Näherung 0..
	    Näherung .2500000000.
	    Näherung .2678571429.
	    Näherung .2679491899.
	    Näherung .2679491922.

Hinweise	Da die Schleife nach dem **end do** mit „:" abschließt, müssen mit **printf** gezielt die gewünschten Teilergebnisse heraus geschrieben werden. Beim Übergang zur **while**-Konstruktion ist zu beachten, dass eine neue Variable eingeführt werden muss. *xn* bezeichnet den neuen und *xa* den alten Iterationswert. Durch die **while**-Konstruktion wird die Schleife bis zu einer vorgegebenen Genauigkeit ausgeführt. Dieser Werte sollte nicht kleiner als die Rechengenauigkeit sein. Standardmäßig wird mit 10 Stellen gerechnet. Durch die Angabe **Digits**:=*n* wird die Genauigkeit der Zahlendarstellung und der Rechnung auf *n* Stellen erhöht.
Siehe auch	`for`-Schleife, `printf`; → while-Schleife.

25.3 Newton-Verfahren: proc-Konstruktion 1

proc	
Problem	Umsetzung der Newton-Iteration mit einer **Prozedur**-Konstruktion ohne Parameterliste.
Befehl	Maple-Befehlsfolge mit Unterprogramm
Parameter	f: Funktion xn: Startwert
Beispiel	$$f(x) = (x-2)^2 - 3 = 0$$ <pre>> Newton := proc() ← neu
> local xa,xn;   ← neu
> xn:=xs: ← modifiziert
> xa:=xn+1:
> while abs(xa-xn)>10e-6
> do
>   xa := xn:
>   xn := xa - f(xa)/D(f)(xa):
>   printf(`Näherung %a.\n `,xn):
> end do:
> end: ← neu

> f:=x -> (x-2)^2 -3:   #Funktion
> xs:=1.:   #Startwert der Iteration
> Newton();   #Aufruf der Prozedur
      Näherung 0..
      Näherung .2500000000.
      Näherung .2678571429.
      Näherung .2679491899.
      Näherung .2679491922.</pre> |
| Hinweise | Um von der **while**-Schleife zu einem Unterprogramm (Prozedur) zu kommen, müssen lediglich die fett bzw. mit neu gekennzeichneten Befehlszeilen hinzugenommen werden. Eine Prozedur beginnt mit der Definition des Prozedurnamens und dem Schlüsselwort **proc**, der anschließenden Deklaration der lokalen Variablen (**local**) und dem Prozedurende (**end**). Bei dieser einfachsten Form werden keine Parameter über eine Parameterliste übergeben.
Alle im Worksheet zuvor definierten Variablen stehen (mit dem gleichen Namen) als globale Variable der Prozedur zur Verfügung. Der Aufruf erfolgt durch **Newton**(). |
| Siehe auch | `while-Schleife`, `printf`; → proc-Konstruktion. |

25.4 Newton-Verfahren: proc-Konstruktion 2

proc	
Problem	Umsetzung der Newton-Iteration mit einer **Prozedur**-Konstruktion mit Parameterliste.
Befehl	Maple-Befehlsfolge mit Unterprogramm
Parameter	*f:* Funktion
Beispiel	$f(x) = (x-2)^2 - 3 = 0$ Definition des Unterprogramms ``` > Newton := proc() > local f, xa,xn; ← erweitert um f > f:=args[1]: ← neu > xn:=op(2,args[2]): ← neu > xa:=xn+1: > while abs(xa-xn)>10e-6 > do > xa := xn: > xn := xa - f(xa)/D(f)(xa): > end do: > printf(`Die Iterationslösung lautet %a.\n`,xn); > end: ``` Aufruf der Prozedur Newton mit Parameterliste ``` > f:=x -> (x-2)^2 -3: #Funktion > Newton(f, x=1.); #Aufruf der Prozedur Die Iterationslösung lautet .2679491922. ```
Hinweise	Der Aufruf der Prozedur erfolgt durch **Newton(f, x=1.)**. Dabei wird als erstes Argument die Funktion f und als zweites Argument der Startwert *x*=1. übergeben. Innerhalb der Prozedur greift man mit dem Befehl **args**[1] bzw. **args**[2] auf diese beiden Argumente zu. Da das zweite Argument aus der Gleichung *x*=1. besteht, wendet man den **op**-Operator an, um auf den Zahlenwert des Startwertes 1. zu kommen: **op**(*2*,**args**[2]) liefert den *zweiten* Operanden von **args**[2].
Siehe auch	**args**, **op**; → proc-Konstruktion.

25.5 Newton-Verfahren: Mit Animation

proc	
Problem	Umsetzung der Newton-Iteration mit einer Prozedur-Konstruktion mit Parameterliste sowie eine Visualisierung des Konvergenzprozesses.
Befehl	Maple-Befehlsfolge mit Unterprogramm und Graphik
Parameter	*f*: Funktion
Beispiel	$$f(x) = (x-2)^6 - 3 = 0$$ Definition des Unterprogramms `> Newton := proc()` `> local f, xa,xn, i,p,bild;` `> f:=args[1]:` `> xn:=op(2,args[2]):` `> xa:=xn+1:` `> i:=0:` `> while abs(xa-xn)>10e-6` `> do` `>    i   := i+1:` `>    xa  := xn:` `>    xn  := xa - f(xa)/D(f)(xa):` **Funktionsgraph** ← neu `>    p[0]:=plot(f(x),x=0..1,thickness=2):` **Graph der Tangente** ← neu `>    p[i]:=plot(f(xa)+D(f)(xa)*(x-xa),` `                   x=0..1, color=blue);` **Alle bisherigen Tangenten und die Funktion** ← neu `>    bild[i]:=` `>    plots[display]([seq(p[k],k=0..i)],` `>                    insequence=false ):` `> end do:` `> plots[display]([seq(bild[k],k=1..i)],` `                     insequence=true);` ← neu `> printf(`Die Iterationslösung lautet nach` ` %1d Iterationen %a.\n`,i,xn);` `> end:.`

| | Aufruf der Prozedur **Newton** mit Parameterliste<br>```
> f:=x -> (x-2)^6 -3:      #Funktion
> Newton(f, x=0.);         #Aufruf der Prozedur
Die Iterationslösung lautet nach 7
        Iterationen .7990630449.
``` |
| Hinweise | Um die Prozedur mit einer graphischen Ausgabe zu erweitern, wählen wir eine Animation, die mit dem **display**-Befehl und der Option *insequence=true* realisiert wird.
Nachteilig bei obiger Umsetzung ist, dass die Optionen der **plot**-Befehle, wie z.B. der darzustellende *x*-Bereich explizit per Hand in der Prozedur für jedes Beispiel neu angepasst werden muss.
→ Auf der **CD-Rom** befindet sich in §24.6 eine Prozedur mit erweiterter Steuerung der Graphik, die aus Platzgründen in der Buchversion nicht abgedruckt ist. |
| Siehe auch | **plot**, **display**; → Mehrere Schaubilder → proc-Konstruktion. |
```

Kapitel 26: Iterative Verfahren zum Lösen von Gleichungen

In Kapitel 26 werden iterative Verfahren zum Lösen von Gleichungen mit Maple vorgestellt. Es werden das allgemeine Iterationsverfahren, das Sekantenverfahren und das Newton-Verfahren für nichtlineare Gleichungen in einer Variablen mit Maple-Befehlen programmiert und als Maple-Prozeduren bereitgestellt.

Das allgemeine Iterationsverfahren beruht auf der sog. Fixpunktiteration. Um mit diesem Verfahren eine Gleichung der Form
$$h(x) = g(x)$$
zu lösen, geht man zur Gleichung
$$h(x) - g(x) + x = x$$
über. Dann ist die Lösung der Gleichung ein Fixpunkt der Funktion
$$f(x) = h(x) - g(x) + x: \qquad f(x) \stackrel{!}{=} x.$$

Sekantenverfahren und Newton-Verfahren bestimmen die Nullstellen einer Funktion, d.h. man geht von der zu lösenden Gleichung $h(x) = g(x)$ über zur Nullstellengleichung
$$f(x) = h(x) - g(x) \stackrel{!}{=} 0.$$

Alle iterativen Verfahren benötigen zumindest einen Startwert, mit dem die Iteration beginnt. Die Verfahren konvergieren in der Regel auch nur dann, wenn der Startwert hinreichend nahe an der Lösung gewählt wird. Um einen geeigneten Startwert zu finden, bietet es sich an, zuerst beide Seiten der Gleichung graphisch mit dem **plot**-Befehl darzustellen und einen Wert Nahe der Lösung zu identifizieren.

Alle iterativen Verfahren müssen nach endlich vielen Iterationsschritten beendet werden. In den aufgeführten Beispielen wird teilweise die maximale Anzahl der Iterationen als Kriterium vorgegeben (z.B. N=10). Andere Kriterien sind z.B. dass zwei aufeinander folgende Iterationen sich nicht mehr als eine vorgegebene Schranke $\delta = 10^{-6}$ unterscheiden:
$$|x_i - x_{i-1}| < \delta.$$
Dabei darf die vorgegebene Genauigkeit nicht kleiner als die Rechengenauigkeit sein. Standardmäßig wird bei Maple mit 10 Stellen gerechnet; durch die Angabe **Digits**:=n wird die Genauigkeit der Zahlendarstellung und der Rechnung auf n Stellen erhöht.

26.1 Allgemeines Iterationsverfahren

for	
Problem	Gesucht ist eine Näherungslösung der Gleichung $$h(x)=g(x)$$ durch Verwendung des allgemeinen Iterationsverfahrens. Mit $$f(x) := h(x)-g(x) + x$$ erhält man die Fixpunkt-Iteration $x_i := f(x_{i-1})$.
Befehl	Maple-Befehlsfolge
Parameter	*eq*: Gleichung der Form $h(x)=g(x)$ *x*: Variable der Gleichung *x[0]*: Startwert für die Iteration *N*: Anzahl der Iterationsschritte
| Beispiel | $\sqrt{x^3} - 3x^2 = -0.5$<br><br>```
> eq := sqrt(x^3) - 3*x^2 = -0.5:   #Gleichung
> x[0] := 0.:                       #Startwert
> N := 10:                          #Iterationen

> f:= unapply(lhs(eq)-rhs(eq)+x, x):

> for i from 1 to N
> do
>     x[i]:=evalf(f(x[i-1])):
> end do:
> printf(`Die Iterationslösung lautet nach
            %1d Iterationen %a.\n`,i,x[i]);
```<br>*Die Iterationslösung lautet nach 10 Iterationen  .6799680376.* |
| Hinweise | Das Verfahren konvergiert, falls im betrachteten Bereich $\|f'(x)\|<1$ und der Startwert x_0 hinreichend nahe an der Lösung (Fixpunkt) liegt. Bei diesem Beispiel wird nach 10 Iterationen das Verfahren abgebrochen. |
| Siehe auch | `printf`, `lhs`, `rhs`, `fsolve`, `unapply`, `for-Schleife`, `Digits`; → Newton-Verfahren. |
```

26.2 Sekantenverfahren

	while
Problem	Gesucht ist eine Näherungslösung der Gleichung $$h(x)=g(x)$$ durch Verwendung des Sekantenverfahrens. Mit $f(x) := h(x) - g(x)$ erhält man die Nullstellen-Iteration $$x_i := x_{i-2} - \frac{f(x_{i-2})\,(x_{i-1} - x_{i-2})}{f(x_{i-1}) - f(x_{i-2})}$$
Befehl	Maple-Befehlsfolge
Parameter	*eq*: Gleichung der Form $h(x)=g(x)$ *x*: Variable der Gleichung *x[0], x[1]*: Startwerte für die Iteration *N*: Anzahl der Iterationsschritte
Beispiel	$$x^2 - 2 = 0$$ ```
> eq := x^2 -2 = 0:   #zu lösende Gleichung
> x[0] := 1.5:
> x[1] := 1.7:   #Startwerte
> N := 3:   #Iterationen

> f:= unapply(lhs(eq)-rhs(eq), x):
> i:=1:

> while abs(f(x[i]))>10^(-9) and i<N
> do   i:=i+1:
>   x[i]:= x[i-2] - f(x[i-2])*
         (x[i-1]-x[i-2])/(f(x[i-1])-f(x[i-2])):
> end do:
> printf(`Die Iterationslösung lautet nach
          %1d Iterationen %a.\n`,i,x[i]);
``` *Die Iterationslösung lautet nach 3 Iterationen* 1.414914915. |
| Hinweise | Das Sekantenverfahren konvergiert nur für hinreichend nahe an der Lösung liegende Startwerte x_0 und x_1. Für $f(x_0)f(x_1)<0$ konvergiert das Verfahren immer. Das Sekantenverfahren heißt dann Regula Falsi. Nach maximal 3 Durchläufen bzw. wenn die Nullstelle bis auf $\delta = 10^{-9}$ genau berechnet wird, bricht obige Iteration ab. |
| Siehe auch | `fsolve`, `unapply`, `for-Schleife`; → Newton-Verfahren. |
```

26.3 Newton-Verfahren

	while
Problem	Gesucht ist eine Näherungslösung der Gleichung $$h(x)=g(x)$$ durch Verwendung des Newton-Verfahrens. Mit $f(x) := h(x) - g(x)$ folgt die Iterationsvorschrift $$x_i := x_{i-1} - \frac{f(x_{i-1})}{f'(x_{i-1})}$$
Befehl	Maple-Befehlsfolge
Parameter	*eq*: Gleichung der Form $h(x)=g(x)$ *x*: Variable der Gleichung *x[0]*: Startwert für die Iteration *N*: Maximale Anzahl der Iterationsschritte
Beispiel	$$x^2 - 2 = 0$$ ```
> eq := x^2 -2 = 0:   #zu lösende Gleichung
> x[0] := 2.:   #Startwert der Iteration
> N := 10:   #Iterationen
> f:= unapply(lhs(eq)-rhs(eq), x):
> i:=0:
> while abs(f(x[i]))>10^(-9) and i<N
> do i:=i+1:
>   x[i] := x[i-1] - f(x[i-1])/D(f)(x[i-1]):
> end do:
> printf(`Die Iterationslösung lautet nach
%1d Iterationen %a.\n`,i,x[i]);
`` *Die Iterationslösung lautet nach* 4 *Iterationen* 1.414914915.
Hinweise	Das Verfahren konvergiert nur für einen hinreichend nahe an der Lösung liegenden Startwert x_0. Nach maximal 10 Durchläufen bzw. wenn die Nullstelle bis auf $\delta = 10^{-9}$ genau berechnet wird, bricht obige Iteration ab.
Siehe auch	`fsolve`, `unapply`, `for`, `D-Operator`, `Digits`; → Allgemeines Iterationsverfahren.
```

Kapitel 27: Lösen von großen linearen Gleichungssystemen

In Kapitel 27 werden Prozeduren zum Lösen von großen linearen Gleichungssystemen in Maple erstellt. Die Algorithmen können bei Bedarf auf andere Programmiersprachen übernommen bzw. adaptiert werden.

Dieses Kapitel beinhaltet sowohl die Umsetzung von direkten Verfahren, wie z.B. Thomas-Algorithmus, Cholesky-Zerlegung und Cholesky-Verfahren, als auch die Methode der konjugierten Gradienten. Prozeduren für das iterative Lösen von großen linearen Systemen, wie Jacobi-, Gauß-Seidel- oder SOR-Verfahren, sind auf der CD-Rom enthalten.

Gesucht sind Lösungen von

$$a_{1,1} x_1 + a_{1,2} x_2 + \ldots + a_{1,n} x_n = b_1$$
$$a_{2,1} x_1 + a_{2,2} x_2 + \ldots + a_{2,n} x_n = b_2$$
$$\ldots$$
$$a_{n,1} x_1 + a_{n,2} x_2 + \ldots + a_{n,n} x_n = b_n$$

mit n Gleichungen für n unbekannte Größen $x_1, \ldots, x_n$. Insbesondere bei den iterativen Verfahren zum Lösen dieser großen linearen Gleichungssysteme benötigt man als spezielle Eigenschaft, dass die Systeme *hauptdiagonal-dominant* sind. Dies bedeutet, dass der Koeffizient auf der Diagonalen a_{ii} betragsmäßig größer als die Betragssumme der restlichen Elemente ist. Präziser formuliert bedeutet dies: Für alle $i=1, \ldots, n$ ist

$$|a_{ii}| \geq \sum_{k=1..n, k \neq i} |a_{ik}|, \text{ für mindestens ein } i \text{ muss das Größerzeichen gelten.}$$

Um die Übergabe der Gleichungssysteme an die jeweiligen Prozeduren zu vereinfachen, wird das lineare Gleichungssystem durch die Koeffizientenmatrix A und dem Vektor der rechten Seite b repräsentiert, so dass die Systeme in der Form

$$A \, x = b$$

vorliegen mit

$$A = \begin{pmatrix} a_{11} & a_{12} & \cdots & \cdots & a_{1n} \\ a_{21} & a_{22} & \cdots & \cdots & a_{2n} \\ & & \ddots & & \\ & & & \ddots & \\ a_{n1} & a_{n2} & \cdots & \cdots & a_{nn} \end{pmatrix} \text{ und } b = \begin{pmatrix} b_1 \\ b_2 \\ \\ \\ b_n \end{pmatrix}.$$

Kapitel 27: Lösen von großen linearen Gleichungssystemen

Die Definition einer Matrix erfolgt in Maple mit dem Matrix-Befehl
```
> A:= Matrix([[a11,a12, ..., a1n], [a21,a22, ..., a2n],
        ..., [an1,an2, ..., ann]]):
```
und die eines Vektors mit
```
> b:= Vector([b1,b2, ..., bn]):
```

Die angegebenen Prozeduren müssen vor dem erstmaligen Gebrauch definiert werden. Dies erfolgt, indem man im zugehörigen Worksheet den Kursor an einer beliebigen Stelle der Prozedur setzt und die Return-Taste betätigt. Man kann Prozeduren mit **save** abspeichern
```
> save (prozedur_name,"pfad//datei.m"):
```
und mit **read**
```
> read ("pfad//datei.m"):
```
in jedem Worksheet wieder einlesen.

Alle iterativen Verfahren müssen nach endlich vielen Iterationsschritten beendet werden. In den aufgeführten Beispielen wird teilweise die maximale Anzahl der Iterationen als Kriterium vorgegeben (z.B. N=100). Ein anderes Kriterium ist, dass das Residuum

$$R = \max_{i=1..n} | \sum_{j=1}^{n} a_{i,j} x_j - b | < \delta$$

kleiner als eine vorgegebene Schranke $\delta = 10^{-6}$ ist.

Dabei darf die vorgegebene Genauigkeit nicht kleiner als die Rechengenauigkeit sein. Standardmäßig wird bei Maple mit 10 Stellen gerechnet; durch die Angabe **Digits**:=n wird die Genauigkeit der Zahlendarstellung und der Rechnung auf n Stellen erhöht.

27.1 Thomas-Algorithmus

proc	
Problem	Die Prozedur **Thomas** löst ein tridiagonales, lineares Gleichungssystem $$b_1 x_1 + c_1 x_2 + 0 + \ldots \qquad + 0 = r_1$$ $$a_2 x_1 + b_2 x_2 + c_2 x_3 + 0 + \ldots \qquad + 0 = r_2$$ $$a_3 x_2 + b_3 x_3 + c_3 x_4 + 0 + \ldots + 0 = r_3$$ $$\ldots$$ direkt mit einem modifizierten Gauß-Algorithmus.
Aufruf	Thomas(A, r)
Parameter	A: Koeffizientenmatrix des tridiagonalen Systems r: Rechte Seite des Gleichungssystems

Beispiel	$$A := \begin{bmatrix} -2 & 1 & 0 & 0 & 0 \\ 1 & -2 & 1 & 0 & 0 \\ 0 & 1 & -2 & 1 & 0 \\ 0 & 0 & 1 & -2 & 1 \\ 0 & 0 & 0 & 1 & -2 \end{bmatrix} \quad r := \begin{bmatrix} -1 \\ -1 \\ -1 \\ -1 \\ -1 \end{bmatrix}$$
	 ``
	> A:= Matrix ([[-2,1,0,0,0], [1,-2,1,0,0],
	          [0,1,-2,1,0], [0,0,1,-2,1],
	          [0,0,0,1,-2]]);
	> r := [-1,-1,-1,-1,-1];
	> Thomas(A,r);
	`` $$\left[\frac{5}{2}, 4, \frac{9}{2}, 4, \frac{5}{2}\right]$$

Prozedur	``` > Thomas := proc() > > local a,b,c,i,A,m,r,q,x: > > A := args[1]: > r := args[2]: ```

| | ```
> m := LinearAlgebra[RowDimension](A):
>
> b[1] := A[1,1]:
> for i from 2 to m
> do
>     b[i] := A[i,i]:
>     a[i] := A[i,i-1]:
>     c[i-1] := A[i-1,i]:
> end do:
>
> # Gauß Elimination
> for i from 2 to m by 1
> do
>     q := a[i]/b[i-1]:
>     b[i] := b[i] - q*c[i-1]:
>     r[i] := r[i] - q*r[i-1]:
> end do:
>
> # Rückwärtsauflösen
> x[m] := r[m]/b[m]:
> for i from m-1 to 1 by -1
> do
>     x[i] := (r[i]-c[i]*x[i+1])/b[i]:
> end do:
>
> return(convert(x,list)):
> end proc:
``` |
Algorithmus	Zuerst erfolgt die Gauß-Elimination nach den Formeln $$q = \frac{a_i}{b_{i-1}}, \quad b_i = b_i - q\,c_{i-1} \quad \text{und} \quad r_i = r_i - q\,r_{i-1}.$$ Der Lösung wird anschließend durch Rückwärtsauflösen ermittelt.
Hinweise	Bei einem *tridiagonalen*, linearen Gleichungssystem sind nur die Diagonal- und die beiden Nebendiagonal-Koeffizienten ungleich Null.
Siehe auch	**BandMatrix**, **LinearSolve**; → Cholesky-Zerlegung → Cholesky-Algorithmus.
```

27.2 Cholesky-Zerlegung

proc	
Problem	Die Prozedur **CholeskyZerlegung** zerlegt eine **symmetrische, positiv definite** Matrix A in untere und obere Dreiecksmatrix, $$A = R^t\, R\,,$$ wenn R die obere Dreiecksmatrix darstellt.
Aufruf	CholeskyZerlegung(A)
Parameter	A: Eine **symmetrische, positiv definite** Matrix

Beispiel	$$A = \begin{bmatrix} 9 & 6 & 6 & 6 \\ 6 & 8 & 4 & 4 \\ 6 & 4 & 8 & 4 \\ 6 & 4 & 4 & 8 \end{bmatrix}$$
	 ```> A:= Matrix([[9,6,6,6],[6,8,4,4],```
	``` [6,4,8,4],[6,4,4,8]]):```
	```> R:=CholeskyZerlegung(A);``` $$R := \begin{bmatrix} 3 & 2 & 2 & 2 \\ 0 & 2 & 0 & 0 \\ 0 & 0 & 2 & 0 \\ 0 & 0 & 0 & 2 \end{bmatrix}$$ Wir machen die Probe und berechnen das Matrizenprodukt $R^t R$:
	```> with(LinearAlgebra):```
	```> Transpose(R).R;``` $$\begin{bmatrix} 9 & 6 & 6 & 6 \\ 6 & 8 & 4 & 4 \\ 6 & 4 & 8 & 4 \\ 6 & 4 & 4 & 8 \end{bmatrix}$$ Das Produkt stimmt mit der Matrix **A** überein!!

Prozedur	```> CholeskyZerlegung := proc()```
	```>```
	```> local A,R,N,i,j:```
	```>```

|   | ```
>A := args[1]:
>N := LinearAlgebra[RowDimension](A):
>
>R:=Matrix(N,N);
>for i from 1 to N
  do
      R[i,i]:=sqrt(A[i,i]-
                   add(R[k,i]^2,k=1..i-1 )):

      for j from i+1 to N
      do
          R[i,j]:=1/R[i,i]*(A[i,j]-
              add(R[k,j]*R[k,i],k=1..i-1));
      end do;

   end do;
>
>return(R):
>end proc:
``` |
Algorithmus	Durch einen Koeffizientenvergleich der Matrix A mit dem Produkt $R^t\, R$ ergibt sich der Zerlegungsalgorithmus nach Cholesky: Setze für $i=1\ldots n$ $$r_{ii} = \sqrt{a_{ii} - \left(\sum_{k=1}^{i-1} r_{ki}^{\,2}\right)}$$ (Diagonalelemente) Setze für $j=i+1\ldots n$ $$r_{ij} = \left(\frac{1}{r_{jj}}\right)\left(a_{ij} - \left(\sum_{k=1}^{i-1} r_{kj}\, r_{ki}\right)\right)$$ (Nichtdiagonalelemente).
Hinweise	Ist eine Matrix diagonaldominant, dann ist sie auch positiv definit.
Siehe auch	`LUDecomposition(..., method='Cholesky');` → Cholesky-Algorithmus.
```

27.3 Cholesky-Algorithmus

proc	
Problem	Gesucht ist die Lösung des linearen Gleichungssystems $$Ax = b$$ mit dem Cholesky-Verfahren, wenn A eine **symmetrische, positiv definite** Matrix ist.
Aufruf	Cholesky(A, b)
Parameter	A: Eine **symmetrische, positiv definite** Matrix b: Rechte Seite des LGS

Beispiel	$$A = \begin{bmatrix} 1 & 2 & 0 \\ 2 & 8 & 4 \\ 0 & 4 & 20 \end{bmatrix} \quad b = \begin{bmatrix} 1 \\ 6 \\ 0 \end{bmatrix}$$
	`> A:= Matrix ([[1,2,0],[2,8,4],[0,4,20]]) :`
	`> b:=<1,6,0>:`
	`> Cholesky(A, b);`
	$$\left[\frac{-3}{2}, \frac{5}{4}, \frac{-1}{4} \right]$$
	Wir vergleichen das Ergebnis mit der in Maple implementierten Prozedur:
	`> with(LinearAlgebra) :`
	`> LinearSolve(A, b, method='Cholesky');`
	$$\begin{bmatrix} \frac{-3}{2} \\ \frac{5}{4} \\ \frac{-1}{4} \end{bmatrix}$$

Prozedur	`> Cholesky := proc()`
	`> local A,R,N,i,j, c,x:`
	`>`
	`> A := args[1]:`
	`> N := LinearAlgebra[RowDimension](A):`

| | ```
> x:=[seq(0.0,i=1..N)]:
>
> #Cholesky-Zerlegung
> R:=CholeskyZerlegung(A):
>
> #Vorwärtsauflösen
> for j from 1 to N
  do
      c[j] := 1/R[j,j]*(b[j]-
                  add(R[i,j]*c[i],i=1..j-1)):
  end do:
>
> #Rückwärtsauflösen
> for i from N by -1 to 1
  do
      x[i] := 1/R[i,i]*(c[i]-
                  add(R[i,j]*x[j],j=i+1..N)):
  end do:
>
> return x:
> end proc:
``` |
Algorithmus	Beim Cholesky-Verfahren zerlegt man im ersten Schritt die Koeffizientenmatrix A in ein Produkt aus unterer R^t und oberer Dreiecksmatrix R: $A = R^t\ R$. Damit ergibt sich das LGS zu $$R^t\ R\ x = b.$$ Wenn man den Hilfsvektor $c = R\ x$ einführt, lässt sich das Gleichungssystem umformulieren in $R^t\ c = b$. Dieses Gleichungssystem mit der unteren Dreiecksmatrix R^t kann durch Vorwärtseinsetzen gelöst werden. Das führt auf das zweite Gleichungssystem $$R\ x = c,$$ welches durch Rückwärtseinsetzen über den bekannten Hilfsvektor c aufgelöst wird.
Hinweise	Ist eine Matrix diagonaldominant, dann ist sie auch positiv definit. Die Prozedur *Cholesky* verwendet die Prozedur *CheleskyVerfahren*, um die Matrix A zu zerlegen.
Siehe auch	LUDecomposition(..., method='Cholesky'), LinearSolve(..., method='Cholesky'); → Cholesky-Zerlegung.
```

27.4 Konjugiertes Gradientenverfahren (CG-Verfahren)

proc	
Problem	Gesucht ist die Lösung des linearen Gleichungssystems $$Ax = b$$ mit dem konjugierten Gradientenverfahren (CG-Verfahren), wenn A eine **symmetrische, positiv definite** Matrix ist.
Aufruf	CG(A, b, iter)
Parameter	A: Eine *symmetrische, positiv definite* Matrix b: Rechte Seite des LGS *iter*: Anzahl der Iterationsschritte (für *iter* >1); maximaler Iterationsfehler (für *iter* <1).

Beispiel	$$A := \begin{bmatrix} -2 & 1 & 0 & 0 & 0 \\ 1 & -2 & 1 & 0 & 0 \\ 0 & 1 & -2 & 1 & 0 \\ 0 & 0 & 1 & -2 & 1 \\ 0 & 0 & 0 & 1 & -2 \end{bmatrix} \quad b := \begin{bmatrix} -1 \\ -1 \\ -1 \\ -1 \\ -1 \end{bmatrix}$$ Erzeugung der Bandmatrix A und der rechten Seite b
	`> N:=5:`
	`> with(LinearAlgebra):`
	`> A:=BandMatrix([1,-2,1],1, N):`
	`> b:=Vector([seq(-1,i=1..N)]):`
	Aufruf des CG-Verfahrens mit Vorgabe der Genauigkeit
	`> CG(A,b, 1e-6);`
	Nach 3 Iterationen ergibt sich die Lösung des LGS mit einer Genauigkeit von $0.1 \cdot 10^{-9}$
	[2.500000000 , 4., 4.500000000 , 4., 2.500000000]
	Vergleich mit der exakten Lösung
	`> LinearSolve(A,b): evalf(Transpose(%));`
	[2.500000000 , 4., 4.500000000 , 4., 2.500000000]

Prozedur	`> CG := proc()`
	`> local n_max, N, A, b, x, r, p, Ap, resi,`
	`          abbruch, m, alpha, beta:`
	`> A:=args[1]:`
	`> b:=args[2]:`
	`> N:=nops(convert(b,list)):`

|  | ```
> if(args[3] > 1) then
>     n_max:=args[3]:
>     abbruch:=1.:
> else
>     n_max:=1;
>     abbruch:=args[3]:
> end if:
>
> x[0] := <seq(0.,i=1..N)>:
> r[0] := b-A.x[0];
> p[0] := r[0]:
> resi := 10000.0;
>
> m:=0:
> while resi > abbruch or m<n_max do
>
>     Ap:=A.p[m]:
>     alpha:=LinearAlgebra[DotProduct](p[m],r[m])
>              / LinearAlgebra[DotProduct](p[m],Ap);
>     x[m+1]:=x[m] + alpha*p[m];
>     r[m+1]:=b-A.x[m+1];
>
>     beta:=LinearAlgebra[DotProduct](r[m+1],Ap)
>              / LinearAlgebra[DotProduct](p[m],Ap);
>     p[m+1]:=-r[m+1] + beta*p[m];
>
>     resi:=LinearAlgebra[Norm](r[m+1]):
>     m:=m+1;
> end do:
>
> print("Nach ", m, " Iterationen ergibt sich die Lösung
          des LGS mit einer Genauigkeit von ",resi);
> print(LinearAlgebra[Transpose](x[m])):
>
> return x:
> end proc:
``` |
Algorithmus	www.home.hs-karslruhe.de/~weth0002/buecher/mathe/start.htm → Downloads. Die Iteration bricht nach maximal *n_max* Iterationsschritten ab bzw. falls das Residuum einen vorgegebenen Wert unterschreitet.
Hinweise	Ist eine Matrix diagonaldominant, dann ist sie auch positiv definit. Eine Matrix ist hauptdiagonal-dominant, falls für alle $i=1, ..., n$ gilt $\lvert a_{ii} \rvert \geq \sum_{k=1..n, k \neq i} \lvert a_{ik} \rvert$, für mindestens ein i muss $>$ gelten.
Siehe auch	**BandMatrix**, **LinearSolve**; → Cholesky-Algorithmus.
```

Anhang A: Benutzeroberflächen von Maple

A1 Grundlegendes zur Benutzeroberfläche von Maple 17

Übersicht: In der folgenden Tabelle ist eine Übersicht über die unterschiedlichen Varianten der Benutzeroberflächen gezeigt, die wir im Folgenden beschreiben werden. In der zweiten Spalte ist der Eingabe-Prompt und in der dritten Spalte ein Eingabebeispiel angegeben.

Classic Worksheet (*.mws*)	[> |	> `diff(x^2,x);`
Standard Worksheet (*.mw*, *.mws*)		
→ Document-Mode	/_	x^2 (Klicken mit rechter Maustaste, Auswahl: Differentiate)
→ Worksheet-Mode		
– Maple-Eingabe im Text-Modus	[> |	> `diff(x^2,x);`
– Maple-Eingabe im Math-Modus	[> /_	$> \dfrac{\mathrm{d}}{\mathrm{d}x} x^2$

Classic Worksheet/Standard Worksheet: Für Maple 17 existieren zwei unterschiedliche Benutzeroberflächen: Zum Einen das ältere „classic worksheet" (\maple\bin.win\ *cwmaple.exe*) und zum Anderen das auf Java basierende „standard worksheet" (\maple\bin.win *maplew.exe*), das automatisch beim Start von Maple 17 geöffnet wird. Entsprechend der modernen Benutzeroberfläche gibt es ein neues Maple-Format *.mw*, welches nicht mehr vollständig zu den älteren Versionen Maple6 – Maple8 bzw. zum Classic Worksheet kompatibel ist. Die Classic-Worksheet-Variante wird nur noch für ältere bzw. nicht allzu leistungsstarke Rechner empfohlen. Die Classic-Variante ist bezüglich den *interaktiven* Manipulationsmöglichkeiten sehr eingeschränkt, z.B. bei der Erstellung von Graphiken stehen nicht alle Optionen zur Verfügung. Die Paletten sind ebenfalls sehr eingeschränkt und nur in einer einfachen Version vorhanden.

Die Worksheets auf der CD-Rom sind alle unter der Classic-Extension *.mws* abgespeichert und unter beiden Oberflächen uneingeschränkt lauffähig. Alleine die auf dem lokalen Rechner spezifizierte Verknüpfung entscheidet, welche Maple-Variante gestartet wird. Im Folgenden gehen wir vom **Standard-Worksheet** aus.

Worksheet-Mode/Document-Mode: Beim erstmaligen Start von Maple wird das Standard-Worksheet geöffnet und der Benutzer muss sich entscheiden, ob er Maple im *Worksheet-Mode* oder *Document-Mode* betreiben möchte. Diese Wahl wird automatisch für alle weiteren Starts verwendet. Standardmäßig wird der Document-Mode aktiviert, der die Maple-Befehle verbirgt und bei dem man durch lediglichem Klicken und Auswahl der mathematischen Operationen aus dem Kontextmenü die Maple-Aktionen veranlasst. Dieser Modus ist gerade für Einsteiger sehr hilfreich und einfach, da er keinerlei Kenntnisse von Maple-Befehlen und deren Syntax benötigt.

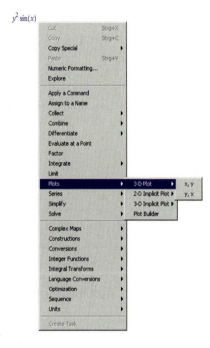

Nach dem Starten des Document-Mode erscheint die Eingabeaufforderung
/_
in der man einen Ausdruck der Form
$y^2 \sin(x)$
eingeben kann. Durch Anklicken mit der rechten Maustaste erhält man ein Kontextmenü, aus dem man Operationen auswählen kann. Im Document-Mode kann man z.B. auf das *-Zeichen verzichten. Differentialgleichungen können z.B. einfach mit y'' + y = 0 spezifiziert werden.

Der befehlsorientierte Worksheet-Mode hingegen wird empfohlen, wenn man mehrere Befehle kombiniert, Befehlsoptionen gezielt aktivieren bzw. deaktivieren möchte, die Programmierungselemente verwendet bzw. Prozeduren erstellt. Worksheet-Mode und Document-Mode sind identisch in ihrer Funktionalität.

Nachträglich kann man die Wahl des Modes ändern: Vom Worksheet-Mode zum Document-Mode durch

Tools → Options → Interface → Worksheet ↘ Document → Apply Globally

bzw. vom Document-Mode zum Worksheet-Mode durch

Tools → Options → Interface → Document ↘ Worksheet → Apply Globally

A1 Grundlegendes zur Benutzeroberfläche von Maple 17

In diesem Buch wird durchgängig der befehlsorientierte **Worksheet-Mode** verwendet, so dass wir im Folgenden nur diese Einstellung beschreiben. Diese Variante hat den Vorteil, dass anhand der Syntax klar hervorgeht, welcher Befehl bzw. welche Variante des Befehls verwendet wird. Im Document-Mode erfolgt die Spezifikation durch interaktives Anklicken von Menüs und Untermenüs, was nachträglich schwer zu reproduzieren ist. Eine dennoch gute Beschreibung dieser interaktiven Verwendung von Maple findet man in einem Lernvideo auf der Maple-Homepage unter:

http://www.maplesoft.com/support/training/videos/quickstart

Dort befinden sich neben mehreren Videos und den Ausarbeitungen der Quickstart-Tutorien zahlreiche weitere Trainingsvideos zur Ansicht sowie Beschreibungen zum Downloaden.

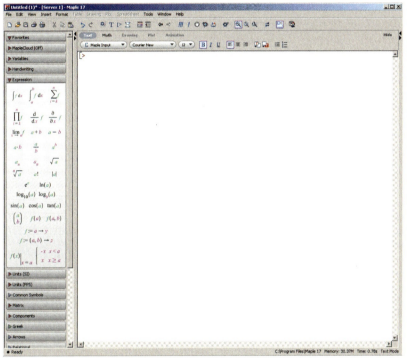

Benutzeroberfläche von Maple 17 (Standard-Worksheet)

Text-Modus/Math-Modus: Nach dem Starten des **Standard-Worksheets im Worksheet-Mode** erscheint die obenstehende Benutzeroberfläche des elektronischen Arbeitsblattes (Worksheets) mit der Eingabeaufforderung
[>

Andernfalls erzeugt man sich eine solche Eingabezeile, indem man den [> -Button der oberen Menüleiste betätigt.

Man kann zwischen zwei unterschiedlichen Eingabemodi wählen, die in der oberen Taskleiste spezifiziert werden können:
- dem befehlsorientierten **Text**-Modus (Eingabe erscheint rot und fett);
- dem symbolorientierten **Math**-Modus (Eingabe erscheint schwarz und kursiv).

Text-Modus
Im Text-Modus muss eine Eingabe entsprechend der Maple-Syntax gemacht werden, auf die Maple antwortet. Die Eingabe muss mit einem ; oder : abgeschlossen und durch Drücken der **Return**-Taste bestätigt werden. Ein Beispiel:
> `5*4;`
$$20$$
Die Ausgabe erscheint in blauer Farbe, eine Zeile tiefer und zentriert. Anschließend erscheint wieder eine Eingabeaufforderung.

Alle in diesem Buch verwendeten Befehle sind in diesem Text-Modus angegeben. Wird beispielsweise eine Stammfunktion von $x^2 \sin(x)$ gesucht, so wird dies in der Maple-Syntax:
> `int(x^2*sin(x), x);`
$$-x^2 \cos(x) + 2 \cos(x) + 2x \sin(x)$$

eingegeben, welche man in den vorangegangenen Kapiteln des Buches so findet. Mit
> `diff(x^2*sin(x), x);`
$$2x \sin(x) + x^2 \cos(x)$$

wird die Ableitung von $x^2 \sin(x)$ bestimmt.

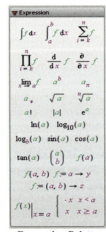

Expression Palette

Im Text-Modus kann auch die Expression-Palette an der linken Taskleiste verwendet werden. Diese besteht aus Symbolen für häufig verwendete Rechenoperationen. Z.B. durch Anklicken des Symbols
$$\frac{d}{dx} f$$
für die gewöhnliche Ableitung einer Funktion erscheint in der Eingabezeile
> `diff(f, x);`

In dieser Eingabezeile muss man nun die farblich gekennzeichneten Symbole **f** und **x** spezifizieren. Durch ein anschließendes Betätigen der Return-Taste wird der Befehl ausgeführt.

Math-Modus

Alternativ zum Text-Modus steht der Math-Modus zur Verfügung. Dieser ist symbolorientiert. Die Eingabe braucht nicht mit einem **;** oder **:** abgeschlossen werden, wenn nur ein Befehl pro Zeile vorkommt, sondern er muss nur durch Drücken der **Return**-Taste bestätigt werden. Auch ist die Syntax im Math-Modus nicht ganz so streng, verglichen mit dem Text-Modus.

> 5 4
$$20$$

> $diff(x^2 \sin(x), x)$
$$2 x \sin(x) + x^2 \cos(x)$$

Bei der obigen Eingabe wird x^2 durch x^2 erzeugt. Auf den Malpunkt bei der Multiplikation von x^2 mit sin(x) oder auch 5 mit 4 kann verzichtet werden; es muss hierfür aber ein Leerzeichen gesetzt werden.

Man kann sich auch hier an der Expression-Palette orientieren, durch die symbolisch viele elementare Rechenoperationen vorgegeben sind: Z.B. symbolisiert $\int_a^b f \, dx$ das bestimmte Integral. Aktiviert man diese Rechenoperation, indem man mit der Maus auf dieses Symbol klickt, erscheint in der Maple-Eingabezeile genau diese Schreibweise, bei der man dann die farblich gekennzeichneten Symbole f, a und b, gegebenenfalls auch die Integrationsvariable x anpasst:

> $\int_2^3 x^2 \, dx$
$$\frac{19}{3}$$

Obwohl die symbolorientierte Eingabe für den Einstieg in Maple bequemer erscheint, ist die befehlsorientierte Eingabe nicht nur versionsunabhängig, sondern auch übersichtlicher und weniger fehleranfällig. Standardmäßig ist Maple im Math-Modus. Mit der Funktionstaste **F5** kann man vom Math- in den Text-Modus und umgekehrt jederzeit umstellen. Möchte man als Standardeingabe den Text-Modus wählen, aktiviert man diesen mit:
|Tools| → Options → Display → Input display → |Maple Notation| → Apply Globally.

Wird statt der **Return**-Taste die Tastenkombination **Shift** zusammen mit **Return** betätigt, erhält man eine weitere Eingabeaufforderung, ohne dass der Befehl sofort ausgeführt wird. Erst wenn die gesamte Eingabe mit **Return** bestätigt wird, führt Maple alle Befehle in einem Befehlsblock aus. Zusammengehörende Teile sind durch eine Klammer am linken Rand gekennzeichnet. Durch die Funktionstaste **F3** werden zwei Maple-Befehle getrennt; mit **F4** werden zwei Maple-Befehle zu einem Block zusammengefügt.

Maple-Output

Unabhängig davon, ob die Eingabe im Math- oder Text-Modus spezifiziert wird, kann der Maple-Output weiter interaktiv bearbeitet werden. Kommen wir zur Verdeutlichung nochmals auf die Integralaufgabe $\int x^2 \sin(x)\, dx$ zurück. Um das Ergebnis der Rechnung einer Variablen *expr* zuzuordnen, verwendet man die Variablenzuweisung mit **:=** *bevor* der Maple-Befehl ausgeführt wird:

> `expr:= int(x^2*sin(x), x);`

$$expr := -x^2 \cos(x) + 2 \cos(x) + 2x \sin(x)$$

Alternativ steht der **%**-Operator (ditto-Operator) zur Verfügung. Mit **%** wird auf das Ergebnis der letzten Maple-Rechnung zurückgegriffen. Eine Variablenzuweisung erfolgt *nach* dem Ausführen des **int**-Befehls durch

> `expr:=%;`

$$expr := -x^2 \cos(x) + 2 \cos(x) + 2x \sin(x)$$

Anschließend können mit **expr** Formelmanipulationen vorgenommen werden:

Markiert man das Ergebnis der Maple-Rechnung (Maple-Output) und betätigt die rechte Maustaste, werden mögliche Rechenoperationen vorgeschlagen, die auf das Ergebnis anwendbar sind. Z.B. *Differentiate* → *With Respect To* → *x* differenziert die Stammfunktion nach *x*.

Wählt man statt dem Differenzieren mit der rechten Maustaste z.B. *Plots* → *2D-Plot*, so wird die Stammfunktion in einem *Smartplot* gezeichnet. Die Skalierung der *x*-Achse erfolgt dabei immer von -10 bis 10.

Direkte Manipulation des Maple-Outputs

Sehr umfangreich ist der interaktive **PlotBuilder**. Um ihn zu verwenden, definiert man die zu zeichnende Funktion, z.B. mit `y:=sin(x);` klickt mit der rechten Maustaste auf die Maple-Ausgabe und folgt der Menüführung

Plots → *Plot Builder* → *Options* → ... → *Plot*

Durch den PlotBuilder, dessen Oberfläche auf der linken Spalte im nächsten Bild zu sehen ist, wird die Art der Darstellung (z.B.: 2-D plot) selektiert und über das Untermenü Options können weitere Optionen des plot-Befehls selektiert werden (siehe rechte Spalte). Wird abschließend der Button Plot gedrückt, erscheint der

Plot im Worksheet; wird Command gedrückt erhält man den Maple-Befehl mit allen spezifizierten Optionen.

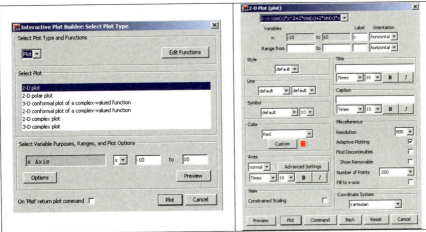

PlotBuilder

Sehr umfangreich und benutzerfreundlich ist auch der interaktive **DE Solver**. Um ihn zu verwenden definiert man die zu lösende DG, klickt mit der rechten Maustaste auf die Maple-Ausgabe und folgt dem Kontextmenü
Solve DE Interactively

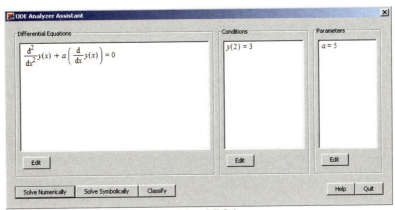

Interaktiver DE Solver

In diesem Menü können Anfangsbedingungen oder Parameter der DG spezifiziert werden. Man entscheidet, ob die DG numerisch oder analytisch gelöst werden soll und erhält entsprechend der Wahl ein weiteres Menü, bei dem man Optionen zur Lösung spezifizieren kann. Man entscheidet, ob die Maple-Befehle angezeigt werden sollen und welche Ausgabe man im Worksheet haben möchte (Plot/ Solution/ MapleCommand) bzw. (Plot/ NumericProcedure/ MapleCommand) im Falle der numerischen Variante.

Maple-Graphik

Durch Anklicken einer in Maple erstellten Graphik (erzeugt z.B. durch den Befehl `plot(x^2, x=0..2);`) erscheint eine neue Toolbar an der oberen Taskleiste, mit der man die Graphik *nachträglich* interaktiv ändern kann.

Jetzt ist der **Plot**-Modus aktiv. Man kann z.B. die Achsen beschriften, Gitterlinien einfügen, den Graphen verschieben, zoomen oder Eigenschaften des Graphen wie Linienstärke, Farbe und vieles mehr ändern. Es steht aber auch der **Drawing**-Modus zur Verfügung. Mit dieser Option kann man in der gewählten Graphik weitere Graphik-Elemente einfügen, die unter den zugehörigen Icons anwählbar sind. Alternativ steht wieder die rechte Maustaste zur Verfügung. Dadurch gibt es eine bequeme Möglichkeit Legenden zu beschriften, in die Graphik mit einzubinden sowie die Bilder in einem der Formate <bmp, png, gif, jpg, eps, pdf, wmf> abzuspeichern. Aktiviert man die Option *Probe Info* → *Nearest point on line,* erhält man die Koordinaten des Punktes auf dem Graphen eingeblendet, welcher dem Kursor am nächsten ist.

Insbesondere um eine Animation, die durch **animate** oder **display** erzeugt wird, zu starten, muss das Bild angeklickt werden. Dann erscheint das Symbol für den **Animation**-Modus. Betätigt man den Startbutton in der oberen Leiste, beginnt die Animation abzulaufen. Bei Animationen können auch der **Plot**- und **Drawing**-Modus durch Anklicken aktiviert werden. Alternativ kann man nach dem Anklicken der Graphik zur Steuerung wieder die rechte Maustaste nutzen.

Maple-Textsystem

Um Textstellen im Worksheet einzufügen, wird eine Textzeile durch den T-Button der oberen Taskleiste erzeugt. Die Expression-Palette steht dann ebenfalls zur Verfügung und eine Formel wird ähnlich dem Vorgeben mit dem Word-Formeleditor erzeugt. Wie bei anderen Textsystemen kann man durch die Wahl von speziellen Buttons an der oberen Taskleiste den Text fett (**B**), kursiv (*I*) bzw. unterstrichen (u) darstellen. Ein strukturierter Aufbau des Worksheets in der Form von aufklappbaren Buttons ist durch die Option *Insert* → *Section* oder *Insert* → *Subsection* möglich.

Durch das Exportieren des Worksheets nach *.tex* erhält man sowohl den Text als auch die Formeln in LaTeX und die Bilder als *eps*-Files. Durch das Exportieren des Worksheets nach *.htm* erhält man den Text als *html*-File und sowohl die Formeln als auch die Bilder im *gif*-Format. Animationen werden als *animated-gifs* abgespeichert und bei Aufruf der entsprechenden *html*-Seite als Animationen abgespielt. Ein Exportieren in das *rtf*-Format ist ebenfalls möglich.

A2 Paletten

Um dem Anfänger auch im Worksheet-Mode das interaktive Arbeiten mit Maple zu erleichtern, steht das Kontextmenü zur Verfügung: Man klickt den Maple-Output bzw. im **Math**-Modus auch direkt die Eingabezeile an und wählt die gewünschte Aktion aus. Zusätzlich bietet Maple mehrere Paletten an, die sich an der linken Taskleiste befinden.

Die rot unterlegten Paletten dienen hauptsächlich der Spezifizierung von Maple-Input für Rechenoperationen. Wichtige Paletten sind:

Expression Palette. Häufig verwendete Maple-Operationen wie Integration, Differentiation, Summenbildung, Limesrechnung aber auch Grundrechenarten, Potenzen und Wurzeln sowie elementare Funktionen werden durch Anklicken des entsprechenden Symbols in Maple-Syntax umgesetzt. Die noch zu spezifizierenden Parameter des Befehls sind farblich gekennzeichnet und müssen vor der Ausführung festgelegt werden.

Matrix Palette. Um die Eingabe von Matrizen und Vektoren zu erleichtern, gibt es die Matrix Palette. Dadurch können durch Auswahl der entsprechenden Parameter Matrizen als auch Spalten- oder Zeilenvektoren spezifiziert werden.

Common Symbols / Greek Palette. Oftmals verwendet man sowohl im Text als auch im Eingabemodus griechische Buchstaben. Diese stehen direkt über die Greek Palette zur Verfügung, während e, ∞, π, i und andere mathematische Symbole in der Common Symbols Palette zusammengestellt sind.

Die grün unterlegten Paletten können für die Definition von Variablennamen nur im Math-Modus verwendet werden, stehen aber auch dem Textsystem zur Verfügung. Die blau unterlegten Paletten sind für den Gebrauch als Textsymbole geeignet.

Favorites. Durch Auswahl (rechte Maustaste) eines Symbols aus den vorgegebenen Paletten kann man mit „Add To Favorites Palette" die eigene Palette *Favorites* zusammenstellen.

Variables. Sehr hilfreich beim Analysieren von Maple-Befehlssequenzen ist die Variables Palette. Diese Palette zeigt die verwendeten Variablen zusammen mit dem aktuellen Wert an. Insbesondere kann man damit feststellen, ob eine Wertezuweisung erfolgt ist, oder ob man eventuell statt der Zuweisung := nur ein = verwendet hat! Im ersteren Fall wird die Variable in der Palette aufgelistet, im zweiten Fall nicht.

Handwriting. Erstellt man durch eine Freihandzeichnung das im oberen Abschnitt erstellte Symbol und aktiviert dann den Button $^\pi\!\!\rightarrow\!\pi$, so erhält man Vorschläge für mögliche erkannte mathematische Symbole, die man dann im Text oder in der Maple-Eingabe (im Math-Modus) verwenden kann.

Units. Um die Behandlung von physikalischen Aufgabenstellungen mit Einheiten zu ermöglichen, stehen die beiden Units-Paletten zur Verfügung. Mit Einheiten kann wie mit Variablen gerechnet werden (+, -, *, /, ^), es erfolgt aber keine automatische Vereinfachung; diese wird mit **simplify** veranlasst.

MapleCloud. MapleCloud ermöglicht einen Austausch von MapleCloud Documents. Durch MapleCloud können Teile oder komplette Standard-Worksheets aus einem von Google verwalteten Server hochgeladen werden, welche dann wiederum anderen Cloud-Benutzern zum Lesen oder Downloaden zur Verfügung stehen.

Components. Über die Components Palette lassen sich im Maple-Worksheet Buttons erzeugen, welche z.B. verborgene Maple-Befehle starten, Aus- und Eingabefenster erzeugen. Die Komponenten können nur über die Components Palette erzeugt, dann aber interaktiv durch die rechte Maustaste spezifiziert werden.

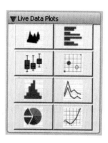

Live Data Plots. Zur graphischen Darstellung hauptsächlich von statistischen Daten steht die Live Data Plots Palette zur Verfügung. Klickt man z.B. auf das Icon links oben erhält man ein Eingabemenü, das es einem erlaubt, aus unterschiedlichen Styles den Plot aufzubauen. Durch Klicken auf eine Option wird der Style des zugehörigen Bildes sofort an die Spezifikation angepasst. Werden die Daten *dataset* geändert, muss der Button Update Plot verwendet werden, um das Bild zu aktualisieren.

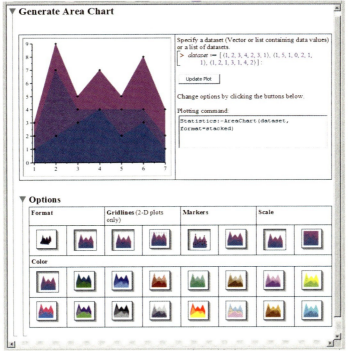
Live Data Plots

A3 Maple Strukturen

- **Operatoren**

+	Addition	<	kleiner
-	Subtraktion	<=	kleiner gleich
*	Multiplikation	>	größer
/	Division	>=	größer gleich
**	Potenz	=	gleich
^	Potenz	<>	ungleich

- **Nulloperatoren**

:=	Zuweisung
;	Befehlsende zur Ausführung und Darstellung des Ergebnisses
:	Befehlsende zur Ausführung ohne Darstellung des Ergebnisses
%	zuletzt berechneter Ausdruck (ditto-Operator)
"	An- und Abführungszeichen für Texte in Maple-Befehlen

- **Packages:**
  Da Maple beim Starten nur einen Grundumfang von Befehlen aktiviert, sind viele Befehle in sog. Packages aufgeteilt, die bei Bedarf mit **>with(package)** geladen werden müssen. Wichtige Packages sind u.a.

CodeGeneration	Package zum konvertieren von Maple-Code nach C, Java, Fortran
CurveFitting	Package zum Anpassen von Kurven (Spline, BSpine, LeastSquare)
DEtools	Package zum Lösen und graphischen Darstellen von Differentialgleichungs-Systemen
DiscreteTransforms	enthält diskrete Transformationen wie z.B. FFT
geom3d	Geometrie-Paket für den $\mathbb{R}^3$
geometry	Geometrie-Paket für den $\mathbb{R}^2$
inttrans	Package der Integraltransformationen
LinearAlgebra	Package zur linearen Algebra
Matlab	Link zu Matlab
PDEtools	Package zum Lösen partieller Differentialgleichungen
plots	Graphikpaket
plottools	Paket zum Erzeugen von graphischen Objekten
RealDomain	Schränkt die Rechnung auf die reelle Zahlen ein
simplex	Paket zur linearen Optimierung
Student[Calculus1]	Tools zum Erlernen von Begriffen der Analysis
Student[LinearAlgebra]	Tools zum Erlernen der Linearen Algebra
VariationalCalculus	Package zur Variationsrechnung
VectorCalculus	Package zur Vektoranalysis

Die gekennzeichneten Packages wurden in diesem Buch verwendet. Alle Packages können mit **?packages** und alle Befehle eines Packages mit *with(package)* oder *?package* aufgelistet werden; die Hilfe zu den einzelnen Befehlen erhält man mit *?befehl*.

Um z.B. den **animate**-Befehl aus dem plots-Package zu laden, kann man mit
> `with(plots):`
das gesamte plots-Paket laden bzw. durch
> `with(plots, animate):`
nur den **animate**-Befehl. Innerhalb von Prozeduren ist diese Vorgehensweise ab Maple 10 nicht mehr erlaubt. Dann muss mit der Befehlsvariante
> `plots[animate](…):`
gearbeitet werden.

Anhang B: Die CD-Rom

Auf der CD-Rom befinden sich
- eine erweiterte *pdf*-Version des vorliegenden Buches;
- alle Maple-Beispiele, wie sie im Buch beschrieben sind für Maple 17;
- eine Einführung in Maple;
- Aufgaben zur Einführung im Maple;
- Anwendungsbeispiele mit Lösungen;
- alle Maple-Worksheets der 3. Auflage für Maple9 – Maple11.

Voraussetzungen
- Maple 17 ist auf dem Rechner installiert (empfohlen), mindestens Maple9.
- *.mws* ist je nach Version mit dem ausführbaren Programm *cwmaple.exe* bzw. *maplew.exe* im Maple-*bin*-Verzeichnis verknüpft.
- Acrobat-Reader steht zur Verfügung; ansonsten kann eine Version von der CD-Rom heraus installiert werden.

Aufbau der CD-Rom: Die Struktur der Dateien und Verzeichnisse ist wie folgt:

buch.pdf	enthält den erweiterten Inhalt des Buches. Zum Navigieren innerhalb des Textes verwendbar sowie zum direkten Starten der zugehörigen Maple-Worksheets.
index.mws	Inhaltsverzeichnis der Worksheets.
intro\	enthält eine Einführung in Maple (Einführung, Aufgaben mit Lösungen, Anwendungsbeispiele mit Lösungen).
worksheet\	enthält alle Worksheets zu den Maple-Befehlen. Die Worksheets sind unter beiden Benutzeroberflächen (Classic Worksheet **und** Standard Worksheet) uneingeschränkt lauffähig.
worksheet_a3\	enthält die Worksheets der 3. Auflage für Maple9- Maple11.
start.exe	zum Installieren einer aktuellen Acrobat-Reader-Version; zum Starten von *buch.pdf*.
readme.wri	letzte Änderungen, die nicht mehr im Text aufgenommen werden konnten.

Arbeiten mit der CD-Rom

Arbeiten mit der mws-Datei: Durch Doppelklicken der Datei *index.mws* öffnet man das Maple-Inhaltsverzeichnis. Durch anschließendes Anklicken des gewünschten Abschnitts wird das zugehörige Maple-Worksheet gestartet und ist dann interaktiv bedienbar. Mit der →-Taste der oberen Taskleiste kommt man vom Worksheet wieder zum Inhaltsverzeichnis zurück.

Arbeiten mit der pdf-Version: Durch Doppelklicken der Datei *buch.pdf* öffnet man den Inhalt des Buches, wie es auszugsweise in der untenstehenden Abbildung angegeben ist.

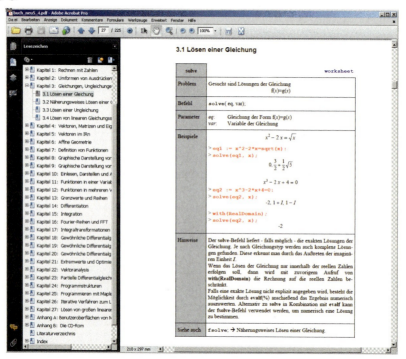

- Die linke Spalte (*Lesezeichen*) bildet das Inhaltsverzeichnis des Buchs ab. Man wählt das gewünschte Themengebiet aus. Dann springt der Cursor auf die entsprechende Stelle im Buch (rechter Bildschirminhalt).
- Vom rechten Bildschirminhalt aus kann das zugehörige Maple-Worksheet durch Anklicken des blau gekennzeichneten Links Worksheet gestartet werden. Das Maple-Worksheet enthält neben dem im Buch diskutierten Beispiel noch weitere, welche dann interaktiv geändert werden können.
- In der *pdf*-Version sind die Querverweise in der Spalte *Siehe auch* aufgelöst: Durch Anklicken des Verweises springt der Cursor an die Textstelle.
- Um innerhalb des Textes zu navigieren, kann auch der Index verwendet werden, da die angegebenen Seitenzahlen mit den Textstellen verlinkt sind: Durch Anklicken der Seitenzahl im Index springt der Cursor an die Textstelle.

Literaturverzeichnis

Burkhardt, W.: Erste Schritte mit Maple. Springer 1996.

Char, B.W. et al: Maple9: Maple Learning Guide. Maple Inc. 2003.

Devitt, J.S.: Calculus with Maple V. Brooks/Cole 1994.

Dodson, C., Gonzalez, E.: Experiments in Mathematics Using Maple. Springer 1998.

Ellis, W. et al: Maple V Flight Manual. Brooks/Cole 1996.

Engeln-Müllges, G., Reutter, F.: Formelsammlung zur Numerischen Mathematik. BI-Wissenschaftsverlag, Mannheim 1985.

Heck, A.: Introduction to Maple. Springer 2003.

Heinrich, E., Janetzko, H.D.: Das Maple Arbeitsbuch. Vieweg, Braunschweig 1995.

Kofler, M., Bitsch, G., Komma, M.: Maple (Einführung, Anwendung, Referenz). Addison-Wesley 2001.

Komma, M.: Moderne Physik mit Maple. Int. Thomson Publishing 1996.

Lopez, R.J.: Maple via Calculus. Birkhäuser, Boston 1994.

Maple 17 Advanced Programming Guide. Maplesoft, Waterloo 2013.

Maple 17 User Manual, Maplesoft. Waterloo 2013.

Monagan, M.B. et al: Maple 9 Programming. Maple Inc. 2003.

Munz, C.D., Westermann, T.: Numerische Behandlung gewöhnlicher und partieller Differenzialgleichungen. Springer 2012.

Werner, W.: Mathematik lernen mit Maple (Band 1+2). dpunkt 1996+98.

Westermann, T.: Mathematik für Ingenieure. Springer 2011.

Westermann, T.: Ingenieurmathematik kompakt mit Maple. Springer 2012.

Index

Ableitung
    Ausdruck 90
    Funktion 91
    numerische 92
    partielle 93, 94
Abstände 37
Affine Geometrie 34
Allgemeines Iterationsverfahren 164
Amplitudenspektrum 107
Animation 50
    f(x,t) 58, 60
    f(x,y,t) 59
Asymptotisches Verhalten 76
Ausdrücke
    Auswerten 10
    Expandieren 12
    Kombinieren 13
    Konvertieren 12
    Vereinfachen 11
Ausgleichsfunktion 71
Auswerten von Ausdrücken 10

Basis 32
Bode-Diagramm 53

Charakteristisches Polynom 29

Determinante 25
DG 1. Ordnung
    Analytisches Lösen 119
    Euler-Verfahren 121
    Numerisches Lösen 120
    Prädiktor-Korrektor-Verfahren 122
    Runge-Kutta-Verfahren 123
DG n.-ter Ordnung
    Analytisches Lösen 130
    Numerisches Lösen 132
DG Systeme 1. Ordnung
    Analytisches Lösen 124
    Euler-Verfahren 128
    Numerisches Lösen 126
Differentialgleichungen 1. Ordnung 118
Differentialgleichungen n. Ordnung 130
Differentialgleichungs-Systeme 124
Differentiation 90
Dimension 33
Divergenz 140

Ebene 34
Eigenvektoren 28
Eigenwerte 28
Euler-Verfahren 121
Expandieren von Ausdrücken 12
Extremwerte
    nichtlinearer Funktionen 137
Extremwerte und Optimierung 134

Fehlerrechnung 83
FFT 109
Folgengrenzwerte 85
for-Konstruktion 157
for-Schleife 151
Fourier-Reihen 103
    analytisch 103
    FFT 109
    komplexe 107
    numerisch 105
Fourier-Transformation 114
    inverse 115
    Lösen von DG 116
Funktionen 43, 44
    Definition 45
    graphische Darstellung 1D 48
    graphische Darstellung 2D 56
    Kurvendiskussion 77
    Linearfaktorzerlegung 74
    logarithmische Darstellung 54
    Nullstellen 73
Funktionen
    Partialbruchzerlegung 75
    Tangentialebene 82
    Taylorentwicklung 80, 84
    Totales Differential 81
    zusammengesetzte 46
Funktionen in mehreren Variablen 81
Funktionsgrenzwerte 87

Gerade 34
Gleichungen 15, 16
Gleichungssysteme 18
Gradient 138
Grenzwerte 85
Größter gemeinsamer Teiler 4

if-Bedingung 153
Integraltransformationen 111
Integration 95
　Linienintegrale 100
　Mehrfachintegrale 99
　numerische 96
Interpolation 68
Iterative Verfahren 157, 164

Kleinstes gemeinsames Vielfaches 5
Kombinieren von Ausdrücken 13
Komplexe Wurzeln 9
Komplexe Zahlen 7, 8
Konvergenz 88, 89
Konvergenzradius 89
Konvertieren eines Ausdrucks 12
Korrelationskoeffizient 70
Kugeln 38
Kurven mit Parametern 51
Kurvendiskussion 77

Laplace-Transformation 111
　inverse 112
　　Lösen von DG 113
Lineare Gleichungssysteme 18
　überbestimmte 134
Lineare Optimierung 136
Lineare Unabhängigkeit 30, 31
Linearfaktorzerlegung 74
Linienintegrale 100
Logarithmische Darstellung 54
Logarithmus 6
Mantelfläche
　Rotationskörper 97, 98
Maple-Prozeduren
　Cholesky 179
　CholeskyZerlegung 171
　CG 175
　differential 81
　Euler 121
　fehler 83
　Newton 159, 160, 161
　PraeKorr 122
　RuKu 123
　Thomas 169
Matrizen 23
Matrizenrechnung 24
Mehrfachintegrale 99
Messdaten
　Einlesen 65
　graphische Darstellung 66

Varianz 67
Mittelwert
　arithmetischer 67

Newton-Verfahren 166
n-te Wurzel einer reellen Zahl 5
Nullstellen 73
Numerische Differentiation 92
Numerische Integration 96

Ortskurven 52

Partialbruchzerlegung 75
Partielle Ableitungen 93, 94
Partielle DG 143, 145, 147, 149
Potentialfeld 141
Potenzreihen 89
Prädiktor-Korrektor-Verfahren 122
Primfaktorzerlegung 4
proc-Konstruktion 159, 160
proc-Konstruktion 154
Produkte 3
Programmstrukturen 151
Punkt 34

Quellenfreiheit 142
Quotientenkriterium 88

Rang 27
Rechnen
　komplexe Zahlen 8
　reelle Zahlen 2
Regula falsi 165
Rekursive Folgen 86
Richtungsfelder 118
Rotation 139
Rotationskörper 97, 98
　x-Rotation 62
　y-Rotation 63
Runge-Kutta-Verfahren 123

Schnitte von Geraden und Ebenen 36
Schnitte von Geraden und Sphären 41
Sphären 38
Spline-Interpolation 69
Summen 3

Tangentialebene 82
Tangentialebene an Sphären 41
Taylorentwicklung 80, 84

Totales Differential 81

Ungleichungen 17

Vektoranalysis 138
Vektoren 20
Vektoren im IR^n 30
Vektorpotential 142
Vektorrechnung 21
Vereinfachen von Ausdrücken 11
Volumen
   Rotationskörper 97, 98

while-Konstruktion 158
while-Schleife 152
Winkel 22
Wirbelfreiheit 141
Wronski-Determinante 26

Zahlenreihen 88

Maple-Befehle

-> 45
animate 51, 58, 60
animate3d 59
asympt 76
Basis 32
CharacteristicPolynomial 29
combine 13
convert 12, 75, 76
coordinates 36
CrossProduct 21
Curl 139
D 91, 94
DEplot 118
describe 70
detail 38
Determinant 25, 26
diff 90, 93
display 50
distance 37
Divergence 140
DotProduct 21
dsolve 119, 120, 124, 126, 130, 132
Eigenvectors 28
eval 12
evalc 8
evalf 2, 44, 96
expand 12
extrema 137
factor 74
FindAngel 36
for 151, 157, 165
fourier 114
FourierTransform 109
fsolve 9, 16, 73
Gradient 138
if 153
ifactor 4
inifunctions 43
int 95, 96, 97, 98, 99, 100
interp 68
intersection 36
invfourier 115
invlaplace 112
laplace 111

leastsquare 71
limit 85, 87, 88, 89
line 34
LinearSolve 134, 30
log[b] 6
logplot 54, 66
Matrix 23
MatrixInverse 24
maximize 136
mean 67
mtaylor 84
normal 11
odeplot 120, 132
parfrac 75
pdsolve 143, 147
pdsolve/numeric 145, 149
piecewise 46
plane 34
plot 48, 52
plot3d 56, 62, 63
point 34
proc 154, 159, 160, 161
product 3
Rank 27, 31, 33
readdata 65
rsolve 86
ScalarPotential 141
semilogplot 53, 54, 66
simplify 11
solve 15, 17, 18
sphere 38
spline 69
subs 10
sum 3
surd 5
taylor 80
Transpose 24
unapply 45
value 99
variance 67
Vector 20
VectorAngle 22
VectorPotential 142
while 152, 158, 166
Wronskian 26

Printing and Binding: Stürtz GmbH, Würzburg